高等职业教育（专科）“十三五”规划教材

动物产品微生物检验

王永娟　穆晓惠　主编

中国农业大学出版社
·北京·

内容简介

本书围绕动物产品的微生物污染与控制、动物产品微生物学检验基本程序、细菌学检验和病毒学检验等与动物性产品卫生休戚相关的问题，分五个理论章节和一个实训部分进行讲述。详述了微生物与动物产品卫生关系的同时，重点突出动物产品中致病性微生物检验这条主线，既有重要的理论知识，又有很强的技术性，既可作为高等农牧职业院校相关专业学生的教材，也可作为动物医学、畜牧兽医、动物防疫与检验和产品卫生检验专业工作人员在科研、教学和生产中的参考用书。

图书在版编目(CIP)数据

动物产品微生物检验/王永娟，穆晓惠主编. — 北京：中国农业大学出版社，2020.4
ISBN 978-7-5655-2315-1

Ⅰ.①动… Ⅱ.①王… ②穆… Ⅲ.①动物产品－微生物检定－高等职业教育－教材 Ⅳ.①TS251.7

中国版本图书馆 CIP 数据核字(2019)第 275745 号

书　名　动物产品微生物检验
作　者　王永娟　穆晓惠　主编

策划编辑　康昊婷　　**责任编辑**　田树君
封面设计　郑　川
出版发行　中国农业大学出版社
社　址　北京市海淀区学清路甲 38 号　　**邮政编码**　100193
电　话　发行部 010-62733489，1190　　读者服务部 010-62732336
编辑部 010-62732617，2618　　出　版　部 010-62733440
网　址　http://www.caupress.cn　　**E-mail** cbsszs @ cau.edu.cn
经　销　新华书店
印　刷　涿州市星河印刷有限公司
版　次　2020 年 4 月第 1 版　2020 年 4 月第 1 次印刷
规　格　787×1 092　16 开本　9.75 印张　240 千字
定　价　30.00 元

编写人员
CONTRIBUTORS

主　编　王永娟（江苏农牧科技职业学院）

穆晓惠（江苏农牧科技职业学院）

副主编　谢　静（江苏农牧科技职业学院）

刘玉华（江苏农牧科技职业学院）

苏晓健（江苏农牧科技职业学院）

参　编　袁　橙（江苏农牧科技职业学院）

殷洁鑫（江苏农牧科技职业学院）

朱孟玲（江苏农林职业技术学院）

董亚青（江苏农牧科技职业学院）

郭长明（江苏农牧科技职业学院）

徐孝宙（江苏农林职业技术学院）

薛　颖（江苏农牧科技职业学院）

刘　冬（沧州职业技术学院）

郭广富（江苏农牧科技职业学院）

李芙蓉（江苏农牧科技职业学院）

陈启稳（中崇信诺生物科技泰州有限公司）

许文译（黑龙江八一农垦大学）

何晓美（江苏农牧科技职业学院）

前言 PREFACE

动物产品微生物检验是在动物微生物学、动物免疫学、公共卫生学和产品卫生学等课程基础上，以检测动物产品中有害微生物为目标，按照相关法规和卫生标准，对肉、蛋、乳、水产品等产品及其制品等动物性产品进行预防性、生产性卫生监督和产品质量鉴定，进而保证动物产品的卫生，防止疾病传播，保障人类健康，提高人类福利的一门综合性应用学科。它是一门方法学，立足于实际应用，以促进畜牧业和食品加工业和谐稳定发展为己任，以服务于人类为宗旨。

动物产品微生物检验作为一门新兴的学科，不是各个相关学科知识的简单交叉与汇总，它要求我们具有扎实的理论基础、宽广的知识面、熟练的专业技术、高度的社会责任感和高尚的道德情操。它涉及的内容丰富，主要包括动物产品的微生物污染与控制、检验基本程序、细菌学和病毒学检验等与动物产品卫生和动物产品微生物的检验与防控休戚相关的问题。微生物污染与控制、检验基本程序着重研究和讨论微生物与动物产品卫生的关系，微生物与食物中毒的关系以及产品卫生指标菌类与致病性微生物的关系等问题。微生物检验基本程序包括动物产品微生物的微生物学检验方法及制定标准的基本原则、方法与理论，整体围绕动物产品卫生及与动物产品微生物的关系展开探讨。细菌学和病毒学检验主要介绍动物产品中与食源性疾病有关的病原微生物及其检验方法，还详述了微生物与动物产品卫生、人和动物的关系。综上所述，本书在详述微生物与动物产品卫生关系的同时，重点突出动物产品中致病性微生物的检验这条主线，既有重要的理论知识，又有很强的技术性，适合与动物产品卫生学、动物产品卫生理化检验等专业课同时开设，既可作为高等农牧职业院校相关专业学生的教材，也可以作为动物医学、畜牧兽医、动物防疫与检验和产品卫生检验专业工作人员在科研、教学和生产中的参考用书。

本书编写内容以“基本”和“新”为原则，注重专业基础知识和基本技术的介绍，保证专业知识体系完整的基础上，把培养学生能力、拓宽专业知识、增强适用性放在重要位置，在教学中教师可根据实际需要和教学时数，有针对性地选择讲授。

本书由江苏农牧科技职业学院的王永娟、穆晓惠主编，谢静、刘玉华、苏晓健副主编，参与编写的人员分工如下：第一章由袁橙、殷洁鑫编写，第二章由刘玉华、刘冬编写，第三章由郭长明、徐孝宙编写，第四章由穆晓惠、谢静、薛颖、朱孟玲、郭广富、许文译编写；第五章由王永娟、董亚青、李芙蓉编写；实训部分由陈启稳、苏晓健、何晓美编写。

本书承蒙江苏农林职业技术学院朱孟玲、江苏农牧科技职业学院吴桂银的审阅，在此深表感谢！本书编写过程中，学习和引用了同行和相关专业书籍的部分资料，在这里向支持本书编写工作的所有单位及参考文献的作者一并表示谢意。

由于编者水平有限，经验不足，书中错误、缺点和不足之处，敬请专家、读者赐教和指正。

编　者

2019 年 5 月

目录 CONTENTS

Project 1

动物产品的微生物污染与控制

动物产品是指以动物的身体各部位经加工制成的产品。通常包括可供食用的动物产品和不可食用的动物副产品。其中，可食用动物产品，如肉与肉制品、乳与乳制品、蛋与蛋制品、水产品等营养丰富，是人类不可缺少的食物来源。由于动物产品在生产、加工、贮存、运输、销售以及饮食等环节均易受到各种污染，因此研究动物产品污染的来源和途径，防止和控制污染，保证供给安全，对保障公众和生命安全具有重要意义。

一、概念

动物产品污染是指动物产品在生产加工过程中受到生物性、化学性或放射性的污染，致使产品卫生质量下降，并对人体健康造成不同程度的危害。其中最常见的是生物性污染和化学性污染。

二、类型

动物产品污染来源广泛、性质多样、种类繁多，根据有害因素的来源可将动物产品分为以下 3 类。

(1)生物性污染。生物性污染是指由生物有机体对动物产品造成的污染，包括微生物、寄生虫及昆虫的污染。微生物污染主要由细菌及其毒素、霉菌及其毒素和病毒等造成；寄生虫污染主要包括由囊虫、旋毛虫、弓形虫、小袋虫等引起的污染；昆虫污染主要包括由蝇蛆、酪蝇、皮蠹等引起的污染。

(2)化学性污染。化学性污染主要是指由农药、化学治疗药物、重金属、包装材料、产品添加剂等化学性物质引起的动物产品污染。农药污染指有机氯、有机磷、有机汞、化学除草剂等引起的污染；化学治疗药物污染指抗生素、激素类药物等引起的污染；重金属污染指汞、铅、镉、砷等引起的污染；包装材料污染指塑料、橡胶、包装纸等引起的污染；产品添加剂污染指硝酸钠、亚硝酸钠等引起的污染。

(3)放射性污染。放射性污染是指由放射性物质引起的动物产品污染。主要来自放射性物质的开采、冶炼、国防生产以及在生活中的应用与排放，会对人体造成低剂量但长时间的内照射效应。

第一节　动物产品的微生物污染来源与途径

无论在土壤、水、空气，还是在物体表面、人和动物体表及其与外界相通的腔道中，都有微生物的存在，这些广泛存在于自然界的微生物均可成为动物产品的污染源。控制污染源、了解污染途径，能有效保证产品卫生质量和食用安全，从根本上控制动物产品的微生物污染。

一、动物产品的微生物污染来源

(一)土壤来源微生物对动物产品的污染

土壤是一切自然环境中微生物来源的主要策源地,也是微生物最丰富的资源库,故有微生物天然培养基之称。

土壤中除含有大量的原有微生物之外,还有随人和动物分泌物、排泄物、尸体等进入土壤的异养菌。土壤中微生物的种类很多,有细菌、放线菌、真菌、螺旋体和噬菌体等,细菌占土壤微生物总数的70%~90%。但由于土壤的地理位置、土壤的种类以及有机物质的含量、湿度、温度和酸碱度等的不同,所以土壤中微生物种类和数量也有所不同。表层土壤由于受阳光照射和空气干燥的影响,微生物数量较少;在离地面10~20 cm深的土层中微生物的数量最多,越往深处微生物越少;在数米深的土层处几乎可达到无菌状态。

动物产品在其生产加工、贮藏运输、烹调制作和食用的某一环节接触了土壤,特别是污染了病原微生物的土壤,就会造成动物产品的污染,从而对人体健康造成不同程度的危害。

(二)水中的微生物对动物产品的污染

在各种水域中都生存着细菌和其他微生物。水中的微生物主要为腐生性细菌,其次为真菌、螺旋体、噬菌体、藻类和原生动物等。此外,还有很多非水生性的微生物,常随着土壤、尘埃、人畜排泄物、动植物残体、垃圾和污水等汇集于水中。因此,水是仅次于土壤的第二天然培养基。

水中微生物的类群和数量,可因水域中有机物与无机物的种类和含量、光照度、酸碱度、温度、含氧量和有毒物质的含量等不同而呈现很大的差异。一般地表水比地下水含菌种类多,数量大;雨水和雪水含菌数量小,特别是在乡村和高山区的雨水和雪水中。水中的病原微生物常因水的自净作用而难以长期存活,但也有些病原微生物能够在水中生存相当长时间,成为传染源。

动物产品的生产、加工及设备、场地、房屋的洗刷等都离不开水,因此水中所含微生物的类群和数量就直接关系到产品的卫生质量。

(三)空气中的微生物对动物产品的污染

空气中由于缺乏微生物生长繁殖所需要的营养物质和水分,再加上日光直射的杀菌作用,故进入空气中的大部分微生物都难以存活,只有一些对空气干燥和阳光照射抵抗力强,能产生芽孢或色素的细菌或真菌的孢子才能存活于空气中。因此,空气并不是微生物的良好生存场所。

空气中微生物的主要来源是随飞沫或尘埃等散布的人和动、植物以及土壤。其种类和数量随地区、季节、气候、海拔等而有所不同,一般越靠近地面,人和动物活动越频繁,空气中微生物的数量越多,而在大洋、高空、终年积雪的山脉等人畜罕至的地方微生物数量越少。

一些病原微生物侵入局部空间,尤其在厩舍通风不良或动物拥挤的情况下,通过空气传播而引起动物发病,另外,在动物产品生产加工过程中,如果被空气中的微生物污染,尤其是病原微生物污染,往往可引起食物变质,危害人体健康。

(四)人和动物体的微生物对动物产品的污染

人和动物与自然界亲密接触,正常情况下,其体表皮肤、黏膜、被毛以及与外界相通的腔道,均有一定类群和数量的微生物,即常在微生物。同时,当人和动物被某种病原微生物感染成为带菌者或带毒者时,则体内含有的大量病原微生物可通过分泌物和排泄物向外界排出。这些常在微生物或病原微生物均可污染动物产品,使其腐败变质,危害人体健康。

(五)用具上的微生物对动物产品的污染

动物产品在其生产制作、加工包装、运输过程中接触的一切用具,如果由于接触土壤、水、空气等因素而被微生物污染,特别是病原微生物污染,被污染的用具就可作为媒介将其所带有的微生物污染到动物产品上。

二、动物产品的微生物污染途径

动物产品污染除了来自动物本身,也可在生产加工、运输、储藏、销售、烹调和食用环节被微生物污染,污染途径多样,归纳起来可分为内源性污染和外源性污染两大类。

(一)内源性污染

内源性污染是指在动物饲养过程中,由本身携带的微生物而造成的动物产品的污染,也称第一次污染。这种污染主要包括健康动物体表、呼吸道、消化道以及泌尿生殖道的一些常在微生物引起的污染和由于动物感染了某种病原微生物而造成动物机体组织和脏器被感染而引起的污染。

(二)外源性污染

外源性污染是指动物产品在生产加工、储藏、运输、销售、烹调和食用这一系列过程中,未遵守操作规程或未按卫生要求操作致使产品被微生物污染,也称第二次污染。通过这一途径污染动物产品的情况比较复杂,污染程度因动物产品的种类、所处环境的不同而异。外源性污染是动物产品微生物污染的主要途径,主要包括土壤的污染、空气的污染、水的污染、生产过程中的污染、运输过程中的污染、储藏过程中的污染、各种昆虫的污染和从业人员的污染等。

第二节　动物产品中微生物污染的控制

微生物性污染给动物产品的贮存、保鲜和防腐安全带来很大困难,易于引起动物产品的腐败变质,引起人的食物中毒,危害人体健康。为了防止动物产品中微生物的污染,必须采取一系列措施来防止和控制动物产品的微生物污染。

一、重视食用动物饲养管理

动物产品的基本原料是各种食用畜禽和水生动物,其健康和洁净状态直接影响到动物产品的卫生质量和安全性。因此,可食用动物产品的卫生管理极其重要,保证动物产品安全的重要措施主要有以下几个方面。

(1)为动物创造良好的生活环境,从科学饲养的原理出发,对环境卫生、场圈卫生、畜舍卫生、畜体卫生以及饮水和饲料卫生等所有环节都要给予足够的重视。特别是饮水和饲料卫生更应放在重要的位置,发霉变质、污染和假冒伪劣饲料及不洁净的饮用水绝不能使用。

(2)固定畜禽饲养基地和饲料基地,尽可能地自繁自养,加强饲养管理,定期预防接种和卫生检查,保证动物健康,建立无疫病畜禽群体。

(3)定期检疫,消灭畜禽传染源和侵袭源,切断病原体传递机制,对患有传染病的动物应予以隔离治疗或淘汰。

(4)如需采购疫区的动物必须进行检疫,完全健康者方可购入,同时要保证在运输过程中不被病原微生物所感染。

(5)肉用动物屠宰前必须按要求进行严格检查,确认健康后方可宰杀食用。

二、加强动物产品生产卫生管理

动物产品的生产加工只有在良好的卫生环境中进行,才能有效地防止微生物污染,生产出符合卫生要求的动物产品。因此,在生产过程中应注意以下几个方面。

(1)屠宰场的建设必须符合卫生要求,屠宰过程中,要注意杜绝细菌的污染,屠宰后必须进行检疫检查。

(2)生产车间的建筑设施必须符合卫生要求,应远离污染源,通风良好,光线充足,地面、墙面应用不透水的材料建筑,易于清洗和消毒;生产过程中的一切工具和设备等必须清洁卫生,要经常清洗和消毒;车间内除应有洗刷、消毒、洗手等卫生设备外,还应有防尘、防蝇、防鼠等设备。

(3)要不断进行产品生产工艺改革,使自动化、机械化和密闭化生产逐步代替手工操作。

(4)严格控制动物产品加工过程中的温度和时间,从而有效地控制微生物的生长繁殖。

(5)要严格执行各项卫生制度,保持动物产品加工场所的环境卫生,经常打扫,及时清除废物、垃圾、废水、污物等,减少对产品的污染。

(6)动物产品生产单位必须配备符合卫生标准的水源,在生产加工过程中必须考虑微生物学和化学的卫生指标,只有符合要求及不被污染的水才能用于生产。

三、注重动物产品运输、储存和销售卫生

动物产品在运输和储存过程中,往往会不同程度地接触到微生物污染物或是因保存条件不当使原有的微生物数量增加,使得其保质期缩短而变质。因此,在动物产品的运输、储存和销售过程中必须做好以下几个方面。

(1)运输应做到专车专用,车厢必须有防尘设备,最好是密封的冷藏车。动物产品需要包装好,用于包装的材料或器具必须经过消毒处理。工人上下车装卸货物时,鞋履必须经5%的碱水消毒,且不可脚踩产品,每次用完的车辆、用具等必须用热碱水刷洗消毒。

(2)动物产品在储存过程中必须防止微生物性污染,保证其卫生质量。在储存过程中温度的控制至关重要。动物产品必须在冷藏设备中储存。对于不同的动物产品还可根据具体

要求采用干燥、盐腌等方法进行储存。

(3)动物产品在销售过程中也很容易受到微生物的污染。因此,在销售过程中必须防止其腐败变质,用具等要消毒,要有防蝇、防尘等设备。另外,销售人员要求身体健康,注意保持个人卫生。

四、提高工作人员健康与和卫生意识

提高工作人员的自身素质与卫生意识,是防止动物产品微生物污染的一个重要环节。对于从事肉、乳、蛋生产动物饲养的人员和动物产品生产、加工、储存、运输和销售的工作人员,要经常做好体检工作和卫生检查,患有传染病的人员或带菌(带毒)者,不适于从事动物饲养,尤其是动物产品的产、储、运、销等工作。工作人员必须搞好个人卫生。生产销售人员必须完成健康体检,并经卫生知识培训,方可从事生产及销售工作,并且在从事生产到销售的整个工作时,应穿戴工作服,并保持整洁卫生。

五、加大检验力度,提高检验技术水平

我国动物产品质量检测工作起步较晚。20 世纪 80 年代以前,我国的动物产品长期处于短缺状态,提高产量是这一阶段的主要任务,对动物产品质量的检测技术要求不高,仅限于常规检测;80 年代以后,随着经济体制的改革,畜牧业生产有了较快的发展,伴随着产量的提高,国家开始重视动物产品的检测,尤其在微生物等常规检测方面有了很大提高。但是这项工作仍处于起步阶段,设备落后、人才短缺等问题还十分突出,与实际需要极不适应。因此,为确保动物产品的安全和保障人们的身体健康,必须加大检验力度,针对动物产品生产以及流通中的各个环节,进行跟踪式的检验;加强动物产品生物检测的理论技术研究,重视检测队伍素质的提高,不断加强检测方法和检测标准的研究,努力提高检验技术水平。

六、建立健全并严格执行管理条例

为了防止动物产品污染,提高动物产品的卫生质量,动物产品生产、加工、储运、销售等单位必须认真地贯彻执行国家和各地区颁布的各种动物产品卫生标准和卫生管理条例,以及屠宰场建场及卫生管理等一系列条例和规定,建立健全管理和检验机构和各项卫生制度,对产品要进行严格的检验,确保其符合卫生标准。各级主管部门应做好卫生监督检查工作,对认真执行产品卫生标准和产品卫生管理条例的单位和个人给予表彰,对违反产品卫生标准和卫生管理办法,造成产品污染或危害人体健康者,应根据不同情况,予以严肃处理,或提请司法部门惩处。

Project 2

动物产品微生物学检验基本程序

动物产品微生物检验是指对动物产品进行的卫生微生物学检验。要对动物产品进行卫生微生物学评价，首先必须准确地检测产品的实际微生物污染水平，才能以小样本来反映整体的卫生状况。要求检验人员在实事求是的精神下，科学地进行采样、样品送检、检样处理、检验并出具报告。在整个过程中，检验人员必须客观地、有章可依地进行。本章以我国现行食品微生物学检验国家标准为依据，重点介绍动物食品样品的采集、处理、检验结果报告等的原则和方法。微生物种类繁多，检测方法也各不相同，一般包括以下基本程序(图 2-1)。

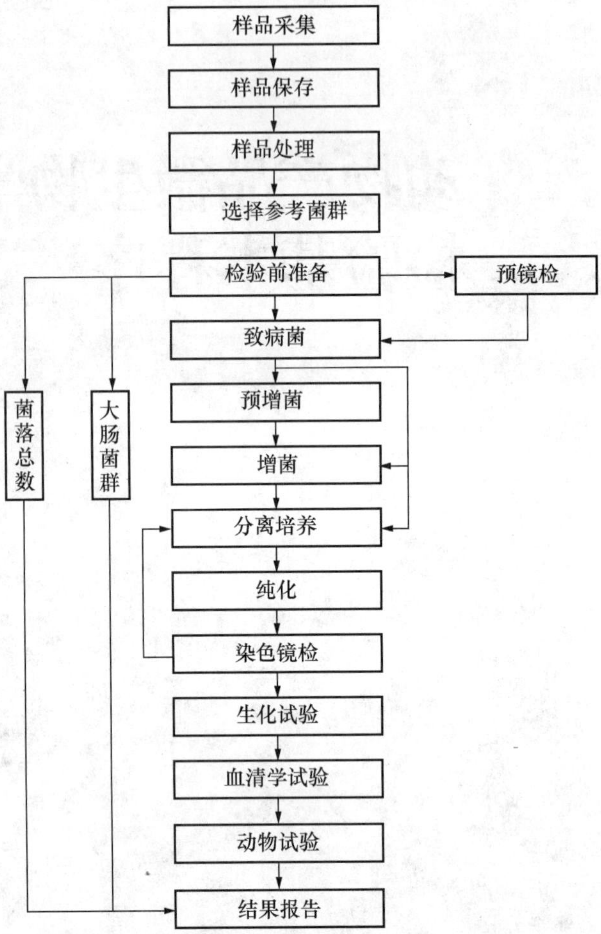

图 2-1 动物产品微生物检验基本程序

第一节 样品采集与送检

采用什么样的取样方案主要取决于检验与采样的目的。动物产品微生物检测中采样的主要目的是：便于卫生质量监督管理，判定一批产品是否合格；鉴别产品中是否存在有毒有害物质，查找致食物中毒的病原微生物，鉴定畜禽产品中是否含有人兽共患病原体等；为新产品、新资源利用、新食品化工产品、新工艺投产前进行卫生鉴定。在产品检验中，采样是至关重要的，采集的样品必须具有代表性。因加工批号、原料情况(来源、种类、地区、季节等)、加工方法、运输、储藏条件、销售中的各个环节(例如有无防蝇、防污染、防蟑螂及防鼠等设备)及销售人员的责任心和卫生认识水平等因素均可影响食品卫生质量,因此采样必须考虑周密。目前的采样方法、检验方法和卫生标准尚未达到完美无缺的程度,随着科学的不断发展,还需逐步进行改善、增补和修订。

一、检验样品的采集

(一)采样的原则

(1)根据检验目的、产品特点、批量、检验方法、微生物的危害程度等确定采样方案。

(2)采样人员熟知抽样程序和方法,具有独立工作的能力。采样小组成员不少于 2 人,应携带工作证、采样通知单(采样委托单或采样任务单)和采样单等。

(3)应采用随机原则进行采样,确保所采集的样品具有代表性。所取样品能够代表食品的所有部分。如果采集的样品没有代表性,即使一系列检验工作非常精密、准确,其结果也毫无价值,甚至会得出错误的结论。

(4)采样过程应遵循无菌操作程序,防止一切可能的外来污染,因此,采样所用的一切工具、容器应清洁、干燥并事先灭菌,各份样品之间不能相互混杂、沾染。

(5)样品在保存和运输的过程中,应采取必要的措施防止样品中原有微生物的数量变化,尽可能保持样品原有的微生物状况。取得的样品应低温保存,采集的非冷冻食品一般在 0~5℃冷藏,不能冷藏的样品应立即检验,一般在 36 h 内进行检验。

(6)采样要具有一定数量,不得少于分析取样、复验和留样备查的总量。样品可分为大样、中样和小样 3 种。大样指一整批。中样是指从样品各部分取的混合样,一般为 250 g(mL)。小样又称为检样,一般以 25 g(mL)为准,用于检验分析。定型包装及散装食品均采样 250 g。

(7)采样后应立即贴上标签,采样标签应完整、清楚(如品名、来源、数量、样品编号和特性、采样地点、采样人及采样日期等)。每件样品的标签须标记清楚,尽可能提供详尽的资料。

(二)采样前的准备

1. 制冷剂

如果样品在储运过程中需要保持冷却,就要准备一些种类的制冷剂。常用的制冷剂有干冰和湿冰。在使用干冰作为制冷剂时,要注意检查干冰袋子是否与食品有接触,如果泄漏可能污染样品;也可以用湿冰,湿冰可由工厂提供;如果要保持样品冷冻,干冰应在检验前获得。

2. 盒子或制冷皿

如果样品不需冷冻,可以使用普通盒子,但如果样品需要冷却,必须使用标准的制冷皿或保温箱。一般来讲制冷皿随带一个塑料袋,样品可以放在袋子里,制冷剂如干冰等可以放置在袋外,这样样品就可以避免被制冷剂污染。

3. 灭菌容器

对于有锐利边、面的产品如蟹、虾等,可以用玻璃取样瓶、血浆瓶等。

4. 取样工具

取样工具包括茶匙、角匙、尖嘴钳、镊子、解剖刀、量筒和烧杯，工具的类型一般由取样产品来决定。应检查所有取样设施和容器的灭菌日期，应当在仪器设施的标签和包装上标明灭菌时间，一些仪器设施可以在当地实验室灭菌处理或购买灭菌仪器，在当地实验室灭菌的仪器设施一般可以保持至少两个月，过期后，设施必须重新灭菌。

5. 灭菌手套

灭菌手套在采样中并非必须应用，如果一个产品在样品收集过程中必须被接触，最好由工厂生产线的工人操作(加工处理产品的工人)，将样品放入收集容器中。由于工人在生产过程中处理接触产品，所以就不能排除他们对产品有附加的污染。使用手套时，必须避免污染，手套的大小必须适合工作的需要。

6. 无菌棉拭子

无菌棉拭子一般用于拭取仪器设施和工厂环境区域。使用时，先打开棉拭子剥掉表皮，小心地置于试管头上，注意不要沾染棉拭子的外端；下一步擦拭要取样的部位，如案板或顶部管道等部位，然后从试管头上小心翼翼地将拭子放入，将其全部推入到试管中部。

7. 灭菌全包装袋

灭菌全包装袋使用时只需撕掉封头，张开袋子，将样品放入，然后将袋子顶端卷起，用线绳扎牢；底部应当折叠两次，防止线绳穿透塑料袋，导致样品泄漏。

(三)采样方法

根据产品的包装种类，如袋装、瓶装和罐装者，应取完整的未开封的；如果产品很大，则需用无菌采样器取样；检样是冷冻产品的，应保持在冷冻状态，非冷冻产品则需在 0～5℃保存。

1. 液体产品的采样

将样品充分混匀，无菌操作开启包装，用 100 mL 无菌注射器抽取，注入无菌盛样容器。

2. 半固体产品的采样

无菌操作拆开样品包装，用无菌勺子从几个部位挖取样品，放入无菌盛样容器。

3. 固体产品的采样

大块整体产品应使用无菌刀具和镊子从不同部位割取，割取时应兼顾表面与深度，注意样品的代表性；小块大包装产品应从不同部位的小块上切取样品，放入无菌盛样容器；样品是固体粉末的应边取边混合。

4. 冷冻产品的采样

大包装小块冷冻产品的采样按小块个体采取；大块冷冻产品可以用无菌刀从不同部位削取样品或用无菌小手锯从冷冻块上锯取样品，也可以用无菌钻头钻取碎样品，放入无菌盛样容器。固体样品和冷冻产品取样还应根据不同的检验目的有所变动，若需检验产品污染情况，则取表层样品；若需检验其品质情况，应再取深部样品。

5. 生产工序检测采样

(1)车间用水。自来水样从车间各水龙头上采取冷却水，汤料从车间容器不同部位用 100 mL 无菌注射器抽取。

(2)车间台面、用具及加工人员手的卫生检测。用板孔 5 cm^2 的无菌采样板及 5 支无菌棉签擦拭 25 cm^2 面积。若所采表面干燥，则用无菌稀释液湿润棉签后擦拭；若表面有水，则用干棉签擦拭，擦拭后立即将棉签头用无菌剪刀剪入盛样容器。

(3)车间空气采样(直接沉降法)。将 5 个直径 90 mm 的普通营养琼脂平板分别置于车间的四角和中部，打开平皿盖 5 min，然后盖上平皿盖送检。

6. 食物中毒微生物检验的取样

当怀疑发生食物中毒时，应及时收集可疑中毒源食品或餐具等，同时收集病人的呕吐物、粪便或血液等。

7. 人畜共患病原微生物检验的取样

当怀疑某一动物产品可能带来人畜共患病病原体时，应结合畜禽传染病学的基础知识，采取病原体最集中、最易检出的组织或体液送检验室检验。

(四)采样标签的填写或标记

采样后应立即贴上标签(图 2-2)，每件样品必须标记清楚(如编号、样品名称、生产单位、生产日期、产品批号、产品数量、存放条件、采样时间、采样人姓名、现场情况)。

×××××采样单

样品编号：______ 产品名称(商品名)：______ 规格型号：______ 注册商标：______

生产厂家：______ 通信地址：______ 邮政编码 □□□□□□

受检地点：______ 通信地址：______ 邮政编码 □□□□□□

采样地点：______ 采样日期：______ 采样基数：______

生产日期：______ 批　号：______

产品依据标准：______ 有效成分及含量：______

检验目的：______ 检验项目：______

采样人仔细阅读以下句子，然后签字

我认真负责地填写了该样品采样单，承认以上填写的合法性，被该采样单位所证实的样品系按照采样方法取得的，该样品具有代表性、真实性和公正性。

代表单位(章)	代表单位(章)
签字：	签字：
日期：　　年　　月　　日	日期：　　年　　月　　日
备注：	

图 2-2　采样标签记录

(五)肉与肉制品的采样方法和采样数量

1. 国家标准对肉与肉制品样品采集的要求

(1)生肉和脏器。如系屠宰场宰后的畜肉，可于开腔后，用灭菌刀、镊采取两腿内侧肌肉各 150 g(或劈半后采取两侧背最长肌各 150 g)，每只(头)共 300 g；对冷藏或销售的生肉，可用灭菌刀、镊取腿肉或其他部位的肌肉，每只(头)共 250 g。脏器采取可根据检验目的而定。如做病原菌检验，应根据被怀疑的细菌性质，采取适合的脏器(整个或部分)或其他组织。对没有内脏的肉尸，可采取体积不小于 8 cm×8 cm×6 cm 的前后肢肌肉各 1 块，或带有周围结缔组织的完整深腹股沟淋巴结、颈浅淋巴结或残留淋巴结。

(2)腌肉。采取反映全部性质或个别部分代表性的样品，采样量在 400 g 以上，而且肉块应尽可能地带有淋巴结，也可用灭菌吸管吸取腌肉水作为检样。

(3)鲜、冻禽食品。鲜、冻整禽采取整只，放入无菌容器内。禽的分割部位和副食品可批量做例行检验或交收检验，随机抽取一定数量的样品。例行检验(或交收检验)抽样，600 箱以内抽 13 箱(6 箱)，601～2 000 箱抽 21 箱(13 箱)，2 001～7 200 箱抽 29 箱(21 箱)，7 201～15 000 箱抽 48 箱(29 箱)，15 001～24 000 箱抽 84 箱(48 箱)，24 001～42 000 箱抽 186 箱(84 箱)，42 000 箱以上抽 200 箱(126 箱)。微生物检验试样，是从抽取的全部样品中随机选取 3～5 个基本箱，按无菌操作从每个基本箱中取试样约 100 g，混合。

(4)无公害畜禽肉食品。鲜(冻)畜禽肉食品以同一产地、同一品种、同一工艺流程的食品为一批次。500 kg 以内抽取 5 件，501～2 000 kg 抽取 10 件，2 001 kg 以上抽取 15 件。每一批次采取随机多点抽样，抽样量为 2 kg。

(5)熟肉制品。酱卤肉、肴肉、烧烤肉、肉灌肠、熏烤肉、肉松、肉脯、肉干及熟禽等，一般采取 250 g，熟禽可采取整只。

(6)腊肠、香肚等生灌肠。采取整根、整只，小型的可采数根数只，其总量不少于 250 g。

(7)棉拭子采样法。检验肉禽及其制品受污染的程度，可采取其表面样品。一般可用板孔 5 cm^2 的灭菌金属制规板压在受检物上，将灭菌棉拭子稍蘸湿，在板孔 5 cm^2 的范围内揩抹 10 次，然后另换一个揩抹点、规板和棉拭子，如此共移压揩抹 10 次，共取 10 个揩抹点，总面积 50 cm^2；光禽用灭菌棉拭子采胸、腹部各 10 cm^2，背部 20 cm^2，头、肛各 5 cm^2，共 50 cm^2；烧烤制品采外表面 20 cm^2，内表面 10 cm^2，四边各 5 cm^2，共 50 cm^2。每支棉拭子在揩抹完毕后立即剪断或烧断，投入盛有 50 mL 灭菌生理盐水的三角瓶或大试管中，立即送检。检验致病菌，不必用规板，用灭菌棉拭子在可疑部位揩抹即可。

2. 行业标准对肉与肉制品样品采集的要求

(1)绿色食品肉及肉制品。以同一班次、同一生产线生产的相同食品为同一批次。流通领域抽样应抽同一批次食品。

①鲜肉。成堆食品，则在堆放空间的四角和中间设采样点，每点从上、中、下三层取若干小块混为一份样品；零散食品，则随机从 3～5 片胴体上取若干小块混为一份样品，每份 500～1 500 g。

②冻肉。小包装冻肉同批同质随机取 3～5 包混合，总量不得少于 1 000 g；冻片肉取样方法同鲜肉。

③肉制品。大片肉取样方法同鲜肉。每件 500 g 以上的食品，随机从 3～5 件上取若干小块混合，共 500～1 500 g；每件 500 g 以下的食品，随机取 3～5 件混合，共 1 000 g；小块碎肉，从堆放平面的四角和中间取样混合，共 500～1 500 g。

④食用动物油脂。每件 500 g 以上的包装，随机在 3～5 个包装上设采样点，每个点从上、中、下 3 层取样，混合，共 500～1 500 g；每件 500 g 以下的包装，随机取 3～5 件混合，共 1 000 g。另外，绿色食品禽肉和无公害食品毛肚抽样，也参照绿色食品肉及肉制品采样方法和采样数量。

(2)无公害食品畜禽肉。样品采取，屠宰场以来源于同一地区、同一养殖场、同一时段屠宰的动物为一批；市场以食品明示的批号为一批；冷冻(冷藏)库以企业明示的批号为一批。

①屠宰场抽样可在屠宰、分割线上或冷冻(冷藏)库中进行。

a. 屠宰、分割线上抽样。

猪(牛、羊)肉:按每批胴体数随机抽取,50 头以内抽 2~3 头,51~100 头抽 3~5 头,101~200 头抽 5~8 头,200 头以上抽 10 头。在被选定的每片胴体上,从背部、腿部、臀尖等部位取肌肉组织,混合,总量 6 kg。

猪肝:每批随机取 5 个完整的肝样。

鸡、鸭、鹅和兔:每批随机抽整禽(兔胴体)5 只,每只重量不低于 500 g。

鸽子和鹌鹑:每批随机抽取 30 只整体。

b. 冷冻(冷藏)库抽样。

鲜肉:成堆食品,在堆放空间的四角和中间布设采样点,从采样点的上、中、下 3 层取若干小块肉混为一个样品;吊挂食品,随机从 3~5 片胴体上取若干小块肉混为一个样品,每份样品 6 kg。

冻肉:同批同质随机抽样,500 g 以内的小包装抽 10 包以上,500 g 以上的包装抽 6 包,每份样品 6 kg。

整只禽、兔:在同批次食品中,鸡、兔随机抽取整体 5 只,鸽子、鹌鹑为 30 只。

②市场、冷冻(冷藏)库肉类抽样:500 g 以上的食品,同批同质随机从 3~15 件上取若干小块肉混合;500 g 以下的食品,随机取样混合;小块碎肉,从堆放平面的四角和中间取样混合,总量 6 kg。将每批抽得的样品分成 5 份,猪(牛、羊)肉为 2 kg 的 1 份、1 kg 的为 4 份;鸡、鸭、鹅和猪肝每份 1 整只;鹌鹑、鸽子每份 6 只,分别包装并加贴封条,其中 1 份由抽样单位保存,另 4 份送交检测单位供检验。

(3)无公害食品禽肉及禽副食品。以同一产地、同一品种、同一生产周期、同一工艺流程所生产的食品为一批次。每批采取随机多点抽样,抽样量应满足检验需要。将抽取样品至少分为 3 份,一份由被抽样单位保存,其他供检测单位留样和检测分析。

(4)火腿肠(高温蒸煮肠)。以同一班次、同一规格的食品为一批次。每批出厂检验随机抽取 10~15 根,型式检验从任意一批食品中随机抽取 20~30 根,均用其中 3 根做微生物学检验。

(5)熏煮香肠、熏煮火腿、肉松、肉干和肉脯。以同一班次、同一品种的食品为一批次。抽样量,1 200 箱以内抽 5 箱,1 201~2 500 箱抽 8 箱,2 501 箱以上抽 13 箱。将 1/3 样品封存备查,从其余样本中随机抽取 2 kg 作为检验样品。

(六)乳与乳制品的采样方法和采样数量

1. 国家标准对乳与乳制品样品采集的要求

(1)大型包装的乳品。鲜奶在采样前先将其搅匀,再以灭菌吸管从中间部位取样。乳粉等可用无菌刀、勺取样,在移采另一份样品前,刀、勺应先清洗灭菌,或另换一套无菌刀、勺进行取样。采样时应注意部位等具有代表性,每件样品数量不少于 250 mL(g),所取样品放入灭菌容器内。

(2)小型包装的乳品。采样时注意包装的完整,采取整件原包装。

(3)对成批产品进行质量鉴定。采样数量以每批 1/1 000 抽样,尾数超过 500 件者增抽 1 件,总数不足 1 000 件者抽 1 件。检验不符合卫生要求者,可再重复抽样检验一次,抽样数为 1/500,或为原抽样数的 2 倍。

2. 行业标准对乳与乳制品样品采集的要求

(1)绿色食品乳制品。以同一班次、同一生产线生产的同品种、同规格且包装完好的产品为一批。在成品库中每批食品中随机抽取足够样品供检验。

(2)无公害食品生鲜牛乳。以同一天、装载在同一贮存或运输器具中的产品为一批。在贮存容器内搅拌均匀后,或在运输器具内搅拌均匀后从顶部、中部、底部等量随机抽取,或在运输器具出料时连续等量抽取,混合成 4 L 样品供交收检验或 8 L 样品供型式检验。

(3)无公害食品鲜乳。饲养场抽样以养殖条件相同、同一天或同一时段生产的食品为一批,市场抽样以产品明示的批号为一批,冷冻(冷藏)库抽样以企业明示的批号为一批。

①饲养场抽样:每批的混合乳经充分搅拌混合后取样,取样总量 8 L。

②市场、冷冻(冷藏)库抽样:在储奶容器内搅拌均匀后,分别从上部、中部、底部等量抽取,或在运输奶车出料时前、中、后等量抽取,总量 6 L。

(4)无公害食品酸牛奶。以同一班次、同一生产线生产的同品种、同规格且包装完好的产品为一批。按型式检验和交收检验要求采一定数量的样品。

(5)调味奶。以同一班次、同一生产线生产的同品种、同规格且包装完好的食品为一批。在成品库中每批产品中随机抽取,交收检验样品 1.5 L,型式检验样品 4 L,每批样品不得少于 6 个包装。

(6)硬质干酪。以凝乳槽分批,按批拆箱取样。100 箱以上按 1/50 拆箱,100 箱以下至少拆 2 箱,每箱取样 1 个,每批样品至少有 1 件做微生物检验。细菌检验样品,用无菌干酪取样刀无菌操作取样,每个干酪取样不少于 100 g。同一批样品可收入同一容器中,平均样品总重不应少于 200 g。

(七)蛋与蛋制品的采样方法和采样数量

1. 国家标准对蛋与蛋制品样品采集的要求

(1)鲜蛋、皮蛋、糟蛋、咸蛋。每件各采 250 g。鲜蛋、皮蛋等抽样后,用流水冲洗外壳,再用 75%酒精棉球涂擦消毒后放入无菌袋内。如做蛋壳带菌检查,切忌水洗和消毒蛋壳。

(2)冰蛋。对于听装冰蛋,取样时先在铁听开口处用 75%酒精棉球消毒,然后将盖启开,用灭菌电钻从顶到底斜角钻入,然后抽出电钻,从中取出 250 g 样品。对成批产品进行质量鉴定时,按生产批号在装听时流动取样。检验沙门氏菌时,冰蛋黄及冰蛋白按每 250 kg 取样 1 件,巴氏消毒冰全蛋按每 500 kg 取样 1 件,每件 250 g。测定菌落总数和大肠菌群时,在每批装听过程前、中、后取样 3 次,每次取样 100 g,每批合为一个检样。

(3)蛋粉。金属箱装蛋粉,采样前先将金属箱开口处用 75%酒精棉球消毒,然后将盖启开,用灭菌金属制双层旋转式套管采样器斜角插入箱底,旋转套管收集样品,提出采样器,用无菌小勺自上、中、下部收取样品,每个样品不得少于 100 g。进行成批产品质量鉴定时,以生产厂一日或一班生产量为一批。检验沙门氏菌时,按每批总量的 5%抽样,每箱为 1 个样品,每批不得少于 3 个样品,每件 250 g。测定菌落总数和大肠菌群时,每批按装听过程的前、中、后流动采样 3 次,每次取样 100 g,每批合为一个检样。

2. 行业标准对蛋与蛋制品样品采集的要求

(1)绿色食品蛋与蛋制品。以同一班次、同一生产线生产的同品种、同规格且包装完好的食品为一组批。鲜蛋抽样,散装的随机按每批 2%抽样;箱装者每百箱随机抽 3 箱,每增加百箱增取 1 箱,尾数超过 30 箱增取 1 箱。皮蛋、咸蛋、糟蛋抽样同下述无公害食品皮蛋、咸鸭蛋的方法。其他蛋制品的抽样方法,在成品库中每组产品中随机抽取足够样品供检验。

(2)无公害食品鲜禽蛋。样品抽取，饲养场以养殖条件相同、同一天或同一时段生产的产品为一批，市场以产品明示的批号为一批，冷冻(冷藏)库抽样以企业明示的批号为一批。

①饲养场抽样：随机从当天的产蛋架上抽样，尽可能覆盖全禽舍，将所得的样品混合后再随机抽取，鸡、鸭、鹅蛋取 50 枚，鹌鹑蛋、鸽蛋取 250 枚。

②市场、冷冻(冷藏)库抽样：从每批食品中随机取 50 枚(鸽蛋、鹌鹑蛋为 250 枚)。将抽得样品分成 5 份，鸡、鸭、鹅蛋每 10 枚为 1 份，鹌鹑蛋、鸽蛋每 50 枚为 1 份，分别包装并加贴封条，其中一份交被抽检单位保存，另 4 份送交检测单位供检验。

(3)无公害食品皮蛋、咸鸭蛋。同一生产基地、同一品种、同一包装日期的皮蛋、咸鸭蛋为一个检验批。按批次分别在货件不同部位随机抽样，抽样件数按下列公式计算。抽取每件总数的 3%合并在一起进行检验。剖检时，如样品量过大，可随机抽样 20 枚再进行剖检。

抽检样本可参照以下公式进行。

$$s=\frac{\sqrt{m}}{4}$$

式中：s 为抽样件数；m 为同批货的总件数。样品的检验结果适用于整个检验批。

二、检验样品的送检

采样后，应将样品在接近原有储存温度条件下尽快送往实验室检验，保持样品完整，防止送检过程中可能对样品造成的污染，尽可能保持样品原有的物理和微生物状态，不要因送检的过程而引起微生物的减少或增多。如不能及时送检，应在接近原有储存温度条件下储存。具体送检要求如下。

(1)无菌方法采样后，装样于无菌容器内，尽可能密封，以防止环境中的微生物进一步污染。

(2)做微生物学检验的样品，要尽快送检，一般不应超过 3 h；若路途遥远，可将不需冷冻的样品保持在 0～5℃环境中送检，可采用冰桶等装置，但注意防止冻结；运送冷冻和易腐食品应在包装容器内加适量的冷却剂或冷冻剂。保证途中样品不升温或不融化，从采样至送到实验室的时间不能超过 48 h。

(3)送检样品不得加入任何防腐剂。

(4)水产食品因含水分较多、体内酶的活力较旺盛，易于变质，采样后应在最短时间内送检，并在送检过程中加冰保存或采取冷冻措施。

(5)对于某些易死亡病原菌检验的样品，在运送过程中可采用运送培养基。如进行小肠结肠炎耶尔森菌、空肠弯曲菌等细菌检验的棉拭子检样，可插于 Cary-Blair 氏运送培养基中送检。

(6)检样最好由专人立即送检。如不能由专人携带送样时，也可托运。托运前必须将样品包装好，应防破损，防冻结或防易腐和冷冻样品升温或融化。在包装上应注明“防碎”“易腐”“冷藏”等字样。

(7)做好样品运送记录，写明采样的日期、时间和地点，采样时的温度和环境湿度，采样的原因及其他需要说明的情况，并由运送人签字。

(8)检验人员接到送检单后，应立即登记，填写序号，并按检验要求放在冰箱或冰盒中，并积极准备条件进行检验。

第二节　样品检验与报告

样品送到实验室后，立即将样品置于普通冰箱或低温冰箱(冷冻食品应保持冷冻状态，非冷冻食品需在0～5℃环境中保存)中，并进行登记，填写实验序号，按检验要求，积极准备条件尽快进行检验。样品收集后应于36 h内检验。

实验室必须备有专用冰箱存放样品。一般阳性样品，在出报告后3 d(特殊情况可适当延长)方可处理样品；进口食品的阳性样品，需保存6个月，才可处理；阴性样品可及时处理。

一、检样的处理

因食品样品种类、品种、规格以及检验目的的不同，其具体检验方法有所差异。样品的检验应视检样种类和检验目的不同而定，检验前对送检样品先要按具体情况进行处理，再进行微生物指标检验。具体检验方法将在后续章节详述，本节主要介绍各种检样的处理方法。

(一)肉与肉制品检样的处理

1. 生肉(包括腌肉)及脏器检样

检验前，先进行样品表面消毒，可在沸水中烫3～5 s，或用点燃的酒精棉球在样品表面烧灼消毒，或用烙铁处理样品表面，再用灭菌刀、剪从消毒部位向内剪取深部组织，可直接用于抹片镜检和接种培养；或根据检验目的的不同，取组织25 g放入灭菌乳钵内，用灭菌剪刀剪碎后，加入灭菌石英砂或玻璃砂研磨，磨碎后加入灭菌生理盐水225 mL，混匀制成1∶10的稀释液。腌肉肉块检样，也按此法处理。

2. 鲜、冻禽类检样

整禽进行表面消毒后，用灭菌剪或刀去皮，可从胸部或腿部剪取肌肉25 g，随后步骤同生肉检样处理。带毛野禽去毛后，同家禽检样处理。禽的分割部位和副食品，从送检的混合样品中，以无菌法取样25 g，后续步骤同生肉检样处理。做沙门氏菌和大肠埃希菌检验时，要在混合样品中取5份(每份25 g)检样。

3. 各类熟肉制品检样

直接切取或称取25 g放入灭菌乳钵内，之后步骤同生肉检样处理。

4. 棉拭子检样

检验时先充分振摇和清洗棉拭子检样，以每1 mL洗液代表1 cm^2的检样原液，可按要求做10倍递增稀释。若进行致病菌分离者，可直接用拭子检样划线接种，或先增菌后再分离。

肉与肉制品常进行菌落总数、大肠菌群测定及致泻大肠埃希菌、沙门氏菌、志贺氏菌、金黄色葡萄球菌、溶血性链球菌等致病菌检验。有些还要求检验肠出血性大肠埃希菌O_{157}、单核细胞增生李斯特菌等致病菌及进行霉菌计数等。

(二)乳与乳制品检样的处理

1. 鲜乳、消毒乳和酸乳检样

塑料或纸盒(袋)装者,用75%酒精棉球消毒盒盖或袋口;玻璃瓶装酸奶以无菌操作去掉瓶口的纸罩或纸盖,瓶口以火焰进行消毒。以无菌法吸取 25 mL 检样,放入装有 225 mL 灭菌生理盐水及玻璃珠的三角瓶内,振摇制成 1∶10 的稀释液。

2. 炼乳检样

用温水洗净瓶或罐表面,以点燃的酒精棉球烧灼消毒瓶或罐的上部,再用灭菌开罐器启盖,以无菌法从中间部位称取(吸取)25 g(mL)检样,放入装有 225 mL 灭菌生理盐水和玻璃珠的三角瓶中,振摇均匀制成 1∶10 的稀释液。

3. 稀奶油、奶油检样

用无菌法打开包装,取适量检样置于灭菌三角瓶内,在 45℃水浴或温箱中加温,融化后立即将三角瓶取出,用灭菌吸管吸取 25 mL 检样,放入另一含有 225 mL 灭菌生理盐水或灭菌奶油稀释液的三角瓶内(稀释液应预先置于 45℃水浴中保温,做 10 倍递增稀释时所用的稀释液亦相同),振摇均匀,从检样融化到接种完毕的时间不应超过 30 min。

4. 乳粉检样

罐装乳粉的取样方法同炼乳,袋装乳粉先以 75%酒精棉球涂擦消毒袋口,以无菌法开封取样。称取检样 25 g,放入装有适量玻璃珠的灭菌三角瓶内,以 225 mL 温热的灭菌生理盐水徐徐加入(先用少量生理盐水将乳粉调成糊状,再全部加入,以免乳粉结块),振摇使其充分溶解和混匀,即为 1∶10 的稀释液。

5. 干酪检样

先用灭菌刀削去部分表面封蜡,用点燃的酒精棉球消毒表面后,用灭菌刀切开干酪,无菌法切取表层和深层检样各少许,称取 25 g 置于灭菌乳钵内切碎,加入少量灭菌生理盐水研成糊状(也可用均质器打碎),再加灭菌生理盐水至总量 225 mL,充分混匀即为 1∶10 的稀释液。

乳与乳制品常进行菌落总数、大肠菌群测定和沙门氏菌、志贺氏菌、金黄色葡萄球菌、溶血性链球菌等致病菌检验及黄曲霉毒素 M_1 测定,某些乳制品还要求进行霉菌和酵母计数、乳酸菌检验以及做商业无菌检验。

(三)蛋与蛋制品检样的处理

1. 鲜蛋、糟蛋、皮蛋检样

进行蛋壳带菌检验时,用灭菌生理盐水浸湿的棉拭子充分擦拭蛋壳,再将棉拭子直接置于培养基内增菌培养,或将整只蛋放入灭菌小烧杯或平皿中,按要求加入定量灭菌生理盐水或液体培养基,用灭菌棉拭子将蛋壳表面充分擦洗后,以擦洗液作为检样检验。

2. 鲜蛋、皮蛋、糟蛋、咸蛋内容物检样

将蛋在流水下洗净,待干后以 75%酒精棉球消毒蛋壳,无菌法打开蛋壳取出内容物。鲜蛋取出蛋白、蛋黄或全蛋液,放入带有玻璃珠的灭菌三角瓶内,充分摇匀待检。皮蛋、糟蛋、咸蛋取出蛋内容物,放入灭菌乳钵内,充分剪碎、研磨后待检。

3. 蛋粉检样

将检样放入有玻璃珠的灭菌三角瓶内,按 1∶10 比例加入灭菌生理盐水充分摇匀待检。

4. 冰蛋检样

将冰蛋样品瓶浸泡于流动冷水中，使样品融化后取出，放入带有玻璃珠的灭菌三角瓶中充分摇匀待检。进行菌落总数、大肠菌群测定时，可按 1：10 比例加入灭菌生理盐水制成乳剂。

蛋与蛋制品常进行菌落总数、大肠菌群测定及沙门氏菌、志贺氏菌等致病菌检验，某些蛋制品要求检验金黄色葡萄球菌和溶血性链球菌。其沙门氏菌检验是一个重要项目，检验前须进行增菌培养。

二、检样的检验

样品的检验是整个检测过程中的关键步骤，国外的食品卫生标准，包括美国官定分析化学家协会(AOAC)、美国食品药品管理局(FDA)、日本厚生省、欧共体等对食品中致病菌的检验都规定了定性检验方法和限量标准，即 25 g 或 25 mL 样品中致病菌不得检出。我国食品微生物检测是《食品安全国家标准　食品微生物学检验》(GB 4789—2016)中以细菌等微生物常规培养为主的定性方法。

目前，无论是国际还是国内，均未制定统一的食源性致病菌的定量检验方法标准，但疾病的发生、暴发流行和重大食品安全事故的发生及溯源、预防控制措施的测评和危险性评估等监控措施的实施均依赖于快速、准确和灵敏的定性和定量病原体检测资料。定量检测资料尤为重要，这给我们研究建立定量检测方法提出了巨大的挑战。

致病菌的定量检测方法主要依赖 MPN 法和菌落平板计数法，需要进行菌落分离、生化和血清学方法鉴定等，需时较长，灵敏度和准确性过低。

(一)检验方法的选择

(1)微生物学检验项目应按照现行有效的国家标准方法进行。

(2)食品微生物检验方法标准中对同一检验项目有 2 个及 2 个以上定性检验方法时，应以常规培养方法为基准方法。

(3)食品微生物检验方法标准中对同一检验项目有 2 个及 2 个以上定量检验方法时，应以平板计数法为基准方法。

(二)检验要求

(1)按照标准操作规程进行检验操作，边工作边做原始记录。原始记录包括检验过程中观察到的现象、结果和数据等信息。记录应及时、准确。

(2)检测结束，连同结果一起交与一线技术人员复核。复核过程中发现错误，复核人应通知检测人更正，然后重新复核。

(3)检测人和复核人在原始记录上签名，并编写《检测报告底稿》。

(4)所有检测项目完成后，检测人员将原始记录、样品卡、报告书底稿交科主任作全面校核。

三、动物产品微生物学限量标准

《中华人民共和国食品安全法》规定，为保证食品卫生，防止食品污染和有害因素对人体的危害，保证人民体质，国家实行食品卫生监督制度。随着全球经济一体化的发展，尤其是我国加入世界贸易组织（WTO）后，为了更好地执行 SPS 协定（Agreement on the Application of Sanitary and Phytosanitary Measures）和国际标准准则的需要，我国修订并颁布了一系列新的食品卫生标准，以进一步提高我国食品卫生监督管理水平。新标准的颁布实施，为我国食品安全的监督管理工作提供了法律依据及技术保证，对规范市场行为，促进我国经济发展与社会稳定都将起到积极的作用。联合国粮食及农业组织（FAO）和世界卫生组织（WHO）为联合建立国际食品标准，于 1962 年成立了食品法典委员会（Codet Alimentarius Commission，CAC）。该委员会通过制定推荐的食品标准及食品加工规范等，协调各成员的食品标准立法并指导其建立食品安全体系。食品法典以统一的形式提出并汇集了国际已采用的全部食品标准以及食品加工卫生规范等，各国应采用相互比较的方式总结法典标准与国内有关法规之间的实质性差异，积极地采纳法典标准。在我国，制定有国家标准（GB）、行业标准（NY、SC、SB、QB 等）、地方标准和企业标准 4 种类型。国家标准和行业标准是由国家标准化管理委员会负责组织制定的标准。地方标准是在尚无国家标准和行业标准的情况下，由省（自治区、直辖市）人民政府标准化行政主管部门组织制订的标准。企业标准是企业对自己范围内需要协调统一的技术要求、管理要求和工作要求所制订的标准。就其法律效力，可分为强制性标准和推荐性标准。食品卫生标准就是一种强制性标准，其中国家标准和行业标准具有法律效力。

中华人民共和国制定的食品卫生标准有国家标准（GB 或 GB/T）和行业标准两类，其中行业标准主要有农业行业标准（NY 或 NY/T）、水产行业标准（SC 或 SC/T）、国内贸易行业标准（SB 或 SB/T）和轻工行业标准（QB 或 QB/T）。例如，《鲜、冻禽食品》（GB 16869—2005），GB 表示国家标准，16869 为该标准序号，2005 为该标准发布的年份。农业行业标准对某些食品分别按绿色食品和无公害食品制定了卫生标准，而国家标准和其他行业标准基本未对绿色食品和无公害食品进行划分。动物性食品微生物指标基本以微生物指标为主。以下就我国现执行的动物性食品微生物指标归类予以介绍。

四、检验结果的报告

实验室应按照检验方法中规定的要求，准确、客观地报告每一项检验结果。检验项目结束后，检验人员应及时填写报告单，签名后送主管人员核实签字，并加盖单位印章，以示生效，立即送交食品卫生监督人员处理。

Project 3

细菌学检验总论

动物性食品生物性污染评价指标有菌落总数、大肠菌群、致病菌、寄生虫以及细菌菌相等，在食品卫生标准中常设有菌落总数、大肠菌群和致病菌的限量指标，某些动物性食品还规定做霉菌和酵母数、寄生虫虫体和虫卵的检验。通过对食品卫生指标微生物的测定，可帮助判定食品的卫生程度、新鲜程度和食用的安全程度。

第一节　菌落总数及其意义

一、菌落总数概念及生物学意义

(一)概念

菌落(colony)是指细菌在固体培养基上发育而形成的能被肉眼所识别的生长物，它是由数以万计的相同细菌聚集而成，故又称细菌集落。

菌落总数(aerobic bacterial count)是指被检样品经过处理，在一定条件下(如培养基成分、培养温度和时间、pH、需氧性质等)培养后，所得 1 mL(g 或 cm^2)检样在某种固体培养基上生成菌落的总数。

菌落总数测定是以检样中的菌细胞和琼脂培养基混合后，每个菌细胞都能形成一个可见的单独菌落的假定为基础。但每种细菌生长繁殖需要一定的营养和其他生理条件(温度、培养时间、pH、需氧性质等)，在国家标准检验方法规定的培养条件下，不是所有的菌细胞均能形成菌落，所得结果只反映一群在营养琼脂上生长发育的、嗜温的、需氧和兼性厌氧的细菌菌落总数，并不代表检样中的实际总活菌数。食品卫生标准对不同食品规定的菌落总数，都是根据普通营养琼脂进行需氧培养所得结果确定的，因此在食品的一般卫生学评价中，并不需要分别采用不同的培养基和培养条件来培养。鉴于食品检样中的菌细胞是以单个、成双、链状、葡萄状或成堆的形式存在，因而在营养琼脂平板出现的菌落可能来源于细胞团，也可能来源于单个细胞，因此平板上所得菌落的数字不应报告为活菌数，而应以单位重量(g)、容积(mL)或表面积(cm^2)内的菌落数或菌落形成单位(colony forming units，CFU)报告。

(二)生物学意义

菌落总数主要是作为判定食品被细菌污染程度的标记，也可以应用这一方法观察食品中细菌的性质以及细菌在食品中繁殖的动态，以便对被检样品进行卫生学评价时提供科学依据。菌数的增加与食品的变质常有一定联系，但和食品的安全性不一定相关。因为在含菌数量不多的食品中，也可能有病原菌的存在，而且有的食品可能先期已有细菌的繁殖并产生了毒素，但后来由于环境不适于细菌生存(如干制食品)，这样虽检出的菌数不是很高，但里面仍保留着细菌毒素。在这种情况下，就不能单凭细菌总数来判定食品的卫生程度。

二、大肠菌群及其意义

(一)概念

大肠菌群(coliform bacteria)不是细菌学上的分类名称，不是指某一特定的细菌，而是根据卫生学方面的要求,提出来的一群与粪便污染有关的细菌,这些细菌在生化及血清学方面并非完全一致,系指一群在37℃培养 24 h 能发酵乳糖、产酸产气、需氧和兼性厌氧的革兰阴性无芽孢杆菌。这一群细菌包括埃希菌属、枸橼酸杆菌属、肠杆菌属(包括阴沟肠杆菌和产气肠杆菌)、克雷伯菌属的一部分和沙门氏菌属的双相亚利桑那亚种的细菌。该菌主要来源于人畜粪便,故以此作为粪便污染指标来评价食品的卫生质量,推断食品中有否污染肠道致病菌的可能。

在人畜肠道中,大肠杆菌是优势菌,而大肠菌群所提到的其他细菌则为数较少。除大肠杆菌外,其他细菌不仅存在人畜肠道,而且还存在于别处。如枸橼酸杆菌存在于水、食物、尿中;肠杆菌见于阴沟的污泥、水和土壤中,产气肠杆菌还见于乳食品中;肺炎克雷伯菌存在于消化道、呼吸道和泌尿生殖道中;沙门氏菌划归入大肠菌群,只有少部分存在于人畜肠道内,而大部分存在于爬行类和两栖类动物的肠道,同时发现的机会很少。因此,在食品卫生检验中,以大肠菌群作为人畜粪便污染的卫生指标不够完全准确。为了更准确地检查粪便污染,需进行粪大肠菌群检验,甚至进一步区分是大肠杆菌或是其他细菌,这样以大肠杆菌数作为粪便污染指标就更为准确。

粪便来源与非粪便来源的大肠菌群的主要区别是,前者在46℃下能发酵乳糖产酸产气,而后者不能。粪大肠菌群(faecal coliform)是指在(44±0.5)℃培养 24 h 能分解乳糖产酸产气、在蛋白胨水生长产生吲哚的需氧及兼性厌氧的革兰阴性无芽孢杆菌。这主要是指大肠杆菌,但也包括少数肠杆菌和克雷伯菌属的某些品系。

大肠菌群数是指每 100 mL(g 或 cm^2)检样内所含大肠菌群的最可能数(most probable number,MPN)。

(二)卫生学意义

一般认为,大肠菌群都是直接或间接来自人与温血动物的粪便,从食品中检出大肠菌群即表示食品曾受到人或温血动物粪便的污染,因此大肠菌群作为粪便污染指标菌而被提出。粪便有健康人(畜)的粪便,也有肠道疾病患者(畜)或带菌者的粪便,所以粪便内除一般正常细菌外,同时也会有一些肠道致病菌存在(如沙门氏菌、志贺氏菌、分枝杆菌和肠道病毒等)。当食品中显示有粪便污染,必须看作对人体健康具有潜在的危险性。据此可以推论,食品中检出大肠菌群的细菌,表明该食品有粪便污染。既然有粪便污染,就可能有其他肠道致病菌存在,因而也就有可能通过污染的食品引起肠道传染病的流行。实际上这一推论比较合理。大肠菌群数的高低,表明了食品被粪便污染的程度,也反映了对人体健康危害性的大小。因此,为确保食品卫生质量就必须要求尽可能使大肠菌群的数量降低到最小的程度。在国家规定的食品卫生标准中,对一些食品的大肠菌群数的限量做了明确规定,不得超过。在规定限量以内的食品,经过人们的长期食用证明基本是安全的。

三、肠球菌及其意义

(一)概念

肠球菌属于链球菌属,它不是指某一种球菌,而是指粪便来源的、可用叠氮化钠分离鉴定的一类革兰阳性链状球菌。肠球菌一般应包括粪链球菌(*S. faecalis*)、类粪链球菌

(*S. faecium*)及它们的一些变种。来自粪便的可分离链球菌主要为血清群 D 群链球菌,除肠球菌外,牛链球菌、马链球菌、禽链球菌等具有 D 群抗原(表 3-1),其中肠球菌是最常见最具有食品卫生学意义的 D 群链球菌。

表 3-1　D 群链球菌的分类系统

血清群	种	
D	肠球菌	粪链球菌(*S. faecalis*)
		产酶亚种(var. *zymogenes*)
		液化亚种(var. *lique faciens*)
		类粪链球菌(*S. faecium*)
		坚韧链球菌(*S. durans*)
		牛链球菌(*S. bovis*)
		马链球菌(*S. equinus*)
		禽链球菌(*S. avium*)

(二)卫生学意义

肠球菌和大肠菌群一样,主要来源于人和温血动物的肠道,在人的粪便内可达 10^4～10^9 个/g,随粪便而造成周围环境、食品等污染。肠球菌的致病作用目前尚无统一认识。有些学者曾报道由该菌引起食物中毒的暴发,也有通过志愿者试验观察,证实了该菌在大量存在的情况下(10^9 以上)可引起食物中毒。因此,从卫生学意义考虑,有必要控制该菌对食品的污染限量。在制定肠球菌污染限量标准方面,有些国家已对一些食品做了规定,一般为 0～10^5 个/g,我国目前尚未制定该菌的限量标准。

对肠球菌和大肠菌群进行比较观察,发现肠球菌对恶劣环境和冷冻条件具有较强的抵抗力。有人认为,作为监测水质卫生的粪便污染指标,肠球菌可能更具有卫生学意义。因为在一些事例中,肠道传染病的发生是由于饮用没有或含有少量大肠菌群的水所引起。另外,有人建议用肠球菌作为冷冻食品的指标菌,因大肠菌群的细菌在冷冻条件下容易死亡,而失去指标菌的意义。

四、霉菌和酵母及其意义

霉菌和酵母广泛分布于自然界并可作为食品中正常菌相的一部分。长期以来,人们利用某些霉菌和酵母加工一些食品,如加工干酪和肉、酿酒、制酱等。在某些情况下,它们在食品中生长可使食品腐败变质并产生有毒代谢产物,可因食物引起人和动物的各种急性或慢性中毒,特别是有些霉菌毒素(如黄曲霉毒素)还具有强烈的致癌性。霉菌和酵母常常在 pH 低、湿度低、含盐和含糖高、含有抗生素而不适于细菌生长的食品中出现,抵抗热、冷冻以及抗生素和辐射等储藏技术,转换某些不利于细菌的物质,可以促进致病菌的生长。因此,霉菌和酵母也可作为评价食品卫生质量的指标菌,以霉菌和酵母数来判定食品被污染的程度,才能较为实际地反映出食品卫生质量的状况。

五、其他菌类及其意义

菌落总数、大肠菌群以及霉菌和酵母数的测定,并不能完全反映食品的微生物学状态和卫生程度。实践中亦常对某些食品进行特殊菌群的检验,以便全面评定食品的卫生质量。

(一)嗜冷菌及其意义

嗜冷菌是一类在冷藏条件下可在食品中生长的细菌。主要有假单胞菌属、无色杆菌属、黄杆菌属、产碱杆菌属、肠杆菌科、芽孢杆菌属和链球菌属的一部分细菌。某些霉菌,如地霉属、葡萄孢属也能在冷冻食品中生长。

嗜冷菌在冷藏食品中大量生长繁殖时能引起食品各种风味的丧失和变质。它们的生长率与温度有密切关系,随着温度的降低而生长减慢。故冷藏食品的保藏期或质量损失率和腐败变质也都与温度有密切关系。嗜冷菌的存在,特别是大量存在标志着长期冷藏食品具有变质的很大可能性,所以测定冷藏食品中的嗜冷菌数具有重要的卫生学意义。嗜冷菌在冷冻食品中不能生长,但某些菌种在低至－12～－5℃的低温下仍可缓慢生长,经长期保存后,由于细菌的活动可使该食品的质量下降。

(二)耐热菌与芽孢菌及其意义

耐热菌是指在巴氏消毒(72～74℃,15 s)后能够存活的细菌。在微球菌属、链球菌属、小杆菌属、节杆菌属、乳杆菌属、芽孢杆菌属和梭菌属中,已知含有一些耐热的菌种。食品中含有较多的耐热菌会缩短储藏期,所以为了保证食品质量,就有必要对食品原料及半成品进行耐热菌检查。

芽孢菌是指可形成芽孢的细菌。在热处理的食品中,常见的是芽孢杆菌属和梭菌属细菌的芽孢。这些细菌的芽孢在食品加热处理时一般不死亡,可引起食品的变质,因此确定食品中的芽孢数具有重要的卫生学意义。

(三)病原菌及其意义

病原菌是指引起人和动物疾病的细菌,这里所指的病原菌是引起人食源性疾病的细菌。食品卫生要求与国家食品卫生规定,食品中均不能有致病菌存在。但是由于食品来源、种类、生产加工、储藏以及销售等过程的不同,加之致病菌的种类繁多,不可能用少数几种方法将多种致病菌全部检出,而且在绝大多数情况下,污染食品的致病菌数量不多,所以在检验时,应根据不同食品的特点,选定某个种类或某些种类的致病菌作为检验的重点对象。在不同情况下,还可根据需要有重点地增加一定的致病菌检验项目。

六、菌落总数的测定

目前,世界各国对产品中的菌落总数都有限制,超过规定的标准则视为不合格产品。我国也对一些产品中的菌落总数做了规定(表 3-2)。另外,测定产品中的菌落总数也可对这种产品的质量做出预测。如菌数为 10^5 CFU/cm^2 的牛肉在 0℃时可保存 7 d,而菌数为 10^3 CFU/cm^2 时,在上述条件下却可保存 18 d;菌数为 10^5 CFU/cm^2 的鱼在 0℃时可保存 6 d,而菌数为 10^3 CFU/cm^2 时,保存期可延长至 12 d。有的产品当细菌数达

到 10^6～10^7 CFU/g 时，即能从感官上发现变质。有人认为，菌数达 10^6～10^7 CFU/g 的产品即可能引起食物中毒。

表 3-2　我国对产品中菌落总数的规定(部分)

品种	菌落总数		大肠菌群	
	出厂	销售	出厂	销售
肉灌肠	≤2×10^4 CFU/g	≤5×10^4 CFU/g	≤30 MPN/100 g	≤30 MPN/100 g
烧烤肉	≤5×10^3 CFU/g	≤5×10^4 CFU/g	≤40 MPN/100 g	≤100 MPN/100 g
辐照扒鸡	≤500 CFU/g		≤30 MPN/100 g	
熟肉制品	≤500 CFU/g		≤30 MPN/100 g	
肉松	≤3×10^4 CFU/g		≤40 MPN/100 g	
含乳蛋 10%以上的冷冻产品	≤2.5×10^4 CFU/mL		≤450 MPN/100 mL	
含乳蛋 10%以下的冷冻产品	≤10^4 CFU/mL		≤250 MPN/100 mL	
肉干、肉脯	≤10^4 CFU/g		≤30 MPN/100 g	
烤鱼片	≤3×10^4 CFU/g		≤30 MPN/100 g	

虽然产品中细菌数量的增多与产品变质有一定的关系，但和产品的安全性不一定相关，因为即使产品中细菌数不多，但如果有病原菌存在，或前期有细菌大量污染但后来由于环境不适宜导致菌数下降，产品中仍存在着细菌毒素，这样，就不能单凭细菌数量来判断产品的卫生程度。

菌落总数的测定，是基于检样中的细菌细胞和营养琼脂混合后，每个细菌细胞都能形成一个肉眼可见的单独菌落的假定为基础的。由于检样采用 37℃于有氧条件下培养，因而并不能测出每 1 g 或 1 mL 检样中实际的总活菌数，厌氧菌、微嗜氧菌和营冷菌在此条件下不生长，有特殊要求的一些细菌也受到了限制，因此所得结果只反映了一群在营养琼脂中发育的、嗜中温的、需氧和兼性厌氧的细菌菌落总数。

在测定菌落总数时，由于产品中的细菌是以单个、成双、链状、葡萄状或堆积的形式存在的，营养琼脂上的菌落可以来源于单个细菌细胞，也可能来源于细胞块，因此，在报告时，平板上所得菌落数不应报告为活菌数，而应以单位重量、容积或表面积内的菌落数或菌落形成单位数(colony forming units，CFU)来报告。

对于菌落总数的测定，各个国家制定有不同的标准。这些标准中的方法和条件不尽相同，有些是为某种需要所设计的。我国目前执行的是中华人民共和国标准《食品微生物学检验　菌落总数测定》(GB 4789.2—2016)。除国家标准检验方法(常规法)外，还有平板表面涂布法和平板表面点滴法等。

(一)常规检验法(GB 4789.2—2016)

常规法细菌总数的测定是取一定量的被检样品做成几个适当的稀释度，然后选择 2～3 个适宜的稀释度，各取 1 mL 检样于灭菌平皿中，加入营养琼脂培养基后，经过一定的温度、一定的时间培养后进行菌落计数，所得的菌落数乘以稀释度即为菌落总数。菌落计数的操作见图 3-1。

1. 检样稀释及培养

(1)以无菌操作，将检样 25 g(或 25 mL)剪碎放于含有 225 mL 灭菌生理盐水或其他稀释液的灭菌玻璃瓶内(瓶内预置适当数量的玻璃珠)或灭菌乳钵内，经充分振摇或研磨做成 1∶10 的均匀稀释液。固体样品在加入稀释液后，最好置均质器中以 8 000～10 000 r/min 的速度处理 1 min，做成 1∶10 的均匀稀释液。

(2)用 1 mL 灭菌吸管，吸取 1∶10 稀释液 1 mL，沿管壁徐徐注入含有 9 mL 灭菌生理盐水或其他稀释液的试管内(注意吸管尖端不要触及管内稀释液)，振摇试管，混合均匀，做成 1∶100 倍的稀释液。

(3)另取 1 mL 灭菌吸管，按上述操作方法，做 10 倍递增稀释，如此每递增稀释 1 次，即换用 1 支 1 mL 灭菌吸管。

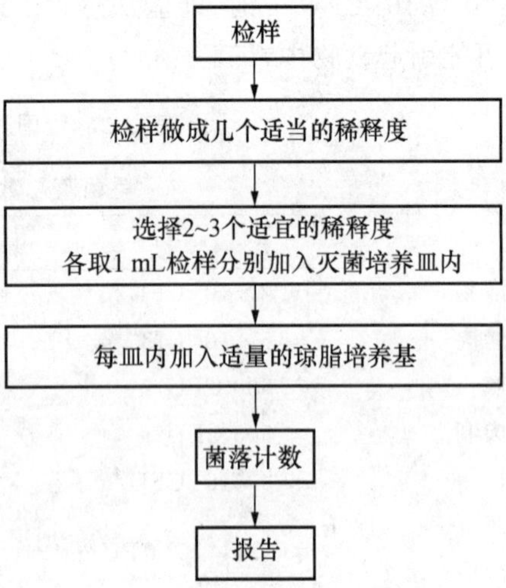

图 3-1 菌落总数的检验程序

(4)根据产品卫生标准要求或对样品污染情况的估计，选择 2～3 个适宜稀释度，分别在做 10 倍递增稀释的同时，即以吸取该稀释度的吸管移 1 mL 稀释液于灭菌培养皿内，每个稀释度做 2 个培养皿。

(5)稀释液移入培养皿后，应立即将冷至 46℃左右的营养琼脂培养基[可放置于(46±1)℃水浴中保温]注入培养皿约 15 mL，并转动培养皿使混合均匀。同时将营养琼脂培养基倾入加有 1 mL 灭菌稀释液的灭菌平皿内做空白对照。

(6)待琼脂凝固后，翻转平板，置(36±1)℃温箱内培养(48±2) h。

2. 菌落计数方法

做平板菌落计数时，可用肉眼观察，必要时用放大镜观察，以防遗漏。在记下各平板的菌落数后，求出同稀释度的各平板平均菌落总数。

3. 菌落计数的报告

(1)平板菌落数的选择。选取菌落数为 30～300 的平板作为菌落总数测定标准。一个稀释度使用两个平板，应采用两个平板平均数，其中一个平板有较大片状菌落生长时，则不宜采用，而应以无片状菌落生长的平板作为该稀释度的菌落数，若片状菌落不到平板的 1/2，而其余 1/2 中菌落分布又很均匀，即可计算半个平板后乘以 2 以代表全皿菌落数。平板内如有链状菌落生长时(菌落之间无明显界线)，若仅有一条链，可视为一个菌落；如果有不同来源的几条链，则应将每条链作为 1 个菌落计。

(2)稀释度选择。

①选择平均菌落数为 30～300 的稀释度，乘以稀释倍数报告之(表 3-3 例 1)。

②若有两个稀释度，其生长的菌落数均在 30～300 之间，则视二者之比如何来决定。若其比值小于或等于 2，应报告其平均数；若大于 2 则报告其较小的数字(表 3-3 例 2 及例 3)。

③若所有稀释度的平均菌落数均大于 300，则应按稀释度最高的平均菌落数乘以稀释倍数报告之(表 3-3 例 4)。

④若所有稀释度的平均菌落数均小于 30，则应按稀释度最低的平均菌落数乘以稀释倍

数报告之(表 3-3 例 5)。

⑤若所有稀释度均无菌落的生长,则以小于 1 乘以最低稀释倍数报告之(表 3-3 例 6)。

⑥若所有稀释度的平均菌落数均不在 30～300 之间,其中一部分大于 300 或小于 30 时,则以最接近 30 或 300 的平均菌落数乘以其稀释倍数报告之(表 3-3 例 7)。

(3)菌落数的报告:菌落数在 100 以内时,按其实有数报告,大于 100 时,采用 2 位有效数字,在 2 位有效数字后面的数值,以四舍五入方法计算。为了缩短数字后面的零数,也可用 10 的指数来表示,详见表 3-3。

表 3-3　稀释度选择及菌落数报告方式

例次	稀释液及菌落数			两稀释液之比	菌落总数 [CFU/g(mL)]	报告方式 [CFU/g(mL)]
	10^1	10^2	10^3			
1	多不可计	164	20	—	16 400	16 000 或 1.6×10^4
2	多不可计	295	46	1.6	37 750	38 000 或 3.8×10^4
3	多不可计	271	60	2.2	27 100	27 000 或 2.7×10^4
4	多不可计	多不可计	313	—	313 000	310 000 或 3.1×10^5
5	27	11	5	—	270	270 或 2.7×10^2
6	0	0	0	—	$<1\times10$	<10
7	多不可计	305	2	—	30 500	31 000 或 3.1×10^4

(二)平板表面涂布法

将营养琼脂制成平板,经 50℃、(1～2) h 或 35℃、(18～20) h 干燥后,于其上滴加检样稀释液 0.2 mL,用“L”棒涂布于整个平板的表面,放置片刻(约 10 min),将平板翻转,移至(36±1)℃温箱内培养(24±2) h[水产品用 30℃培养(48±2) h]取出,按常规法进行菌落计数,然后乘以 5(由 0.2 mL 换算为 1 mL),再乘以样品稀释液的倍数,即得每克或每毫升检样所含菌落数。

此法较常规法为优,因菌落生长在表面,便于识别和检查其形态,虽检样中含有产品颗粒,也不会发生混淆,同时还可以使细菌免遭融化琼脂的热力伤害,不致因此而使细菌细胞受损而不生长,避免了由于操作过程中的不良因素使检验中的细菌菌落数降低,但本法取样量较常规法少,其代表性受到一定的影响。

(三)平板表面点滴法

与涂布法相似,不同的只是用标定好的微量吸管或注射器针头按滴(每滴相当于 0.025 mL)将检样稀释液滴加到琼脂平板上固定的区域(预先在平板背面用记号笔划成四个区域),每个区域滴 1 滴、每个稀释度滴 2 个区域,作为平行实验。滴加后,将平板放置片刻(5～10 min),然后翻转平板,如前移入温箱中培养 6～8 h 后进行计数,将所得菌落数乘以 40(由 0.025 mL 换算为 1 mL),再乘以样品的稀释倍数,即得每克或每毫升检样所含的菌落数。

第二节 大肠菌群

一、大肠菌群的概念及测定意义

大肠菌群(coliform group)是指一大群需氧或兼性厌氧,在37℃下培养24 h能分解乳糖产酸产气的革兰阴性无芽孢杆菌。大肠菌群并不是细菌学上的分类命名,而是根据卫生学方面的要求,提出来的一组与粪便污染有关的细菌,这些细菌在生化及血清学方面并非完全一致。大肠菌群主要包括肠杆菌科的大肠埃希菌属、枸橼酸菌属、肠杆菌属(产气杆菌属)、克雷伯菌属的一部分细菌以及沙门氏菌属第Ⅲ亚属(能发酵乳糖)的细菌,此外还有来自土壤和植物的个别细菌(如欧文菌属)。

大肠菌群是作为粪便污染指标菌而提出来的,主要是以该菌群的检出情况来表示产品是否受到了人或温血动物粪便的污染。粪便是人类肠道的排泄物,其中有健康人粪便,也有肠道疾病患者或带菌者的粪便,所以其中除一般正常细菌外,同时也会有一些肠道致病菌存在(如沙门氏菌、分枝杆菌和肠道病毒等)。当产品中有粪便污染,就意味着可能有肠道致病菌存在,进而有可能因污染的产品引起肠道传染病的流行,因此必须看作对人体健康具有潜在的危险性。大肠菌群数的高低,表明了粪便污染的程度,也反映了对人体健康危害性的大小,所以为确保产品卫生质量就必须尽可能使大肠菌群的数量降低到最低程度。

大肠菌群广泛存在于人和温血动物的粪便,其中大肠埃希菌是人畜肠道中的优势菌,而大肠菌群的其他细菌不仅存在于肠道中,也存在于其他地方。如枸橼酸杆菌存在于水、食物、尿中;肠杆菌见于阴沟的污泥、水和土壤中;肺炎克雷伯菌存在于消化道、呼吸道和泌尿生殖道中;沙门氏菌属第Ⅲ亚属的细菌只有少部分来自人畜肠道。鉴于上述原因,以大肠菌群作为人畜粪便污染的卫生指标不够完全准确。更准确的方法是进行粪便来源的大肠菌群(粪大肠菌群,fecal coliform group)和非粪便来源的大肠菌群的鉴别检验。粪便来源与非粪便来源的大肠菌群的主要区别是,前者在46℃能分解乳糖产酸产气,而后者不能。

相比之下,最好的粪便污染指示菌是大肠杆菌,因此,各国根据自己的情况,有的用大肠菌群作为产品受粪便污染的指标,有的使用粪大肠菌或大肠杆菌数作为检测指标。除细菌指示外,国外也有采用sIgA作为检测人的粪便污染指标。

二、检验

由于大肠菌群指的是具有某些特性的一组与粪便污染有关的细菌,即需氧及兼性厌氧、在37℃能分解乳糖产酸产气的革兰阴性无芽孢杆菌,因此大肠菌群的检测一般都是按照它的定义进行。大肠菌群的检验方法采用常规法或发酵法(GB 4789.3—2016),一般需要3 d时间。为了方便基层和产品卫生快速检测的需要,近几年来,国内外都有一些快速检测方法出现,如国内目前应用的3种快速检测方法(TTC显色法、DC试管法和纸片法),以及加拿大的Sharp AN博士等的疏水网膜法等。疏水网膜法已被加拿大列为正式检测方法,该法也被美国 AOAC 和 FDA 所采用。

目前常规法是国家标准方法，步骤如下。

1. 检样稀释

以无菌操作将检样 25 g(或 25 mL)剪碎放于含有 225 mL 灭菌生理盐水或其他稀释液的灭菌玻璃瓶内(瓶内预置适当数量的玻璃珠)或灭菌乳钵内，经充分振摇或研磨做成 1∶10 的均匀稀释液。固体样品在加入稀释液后，最好置均质器中以 8 000～10 000 r/min 的速度处理 1 min，做成 1∶10 的均匀稀释液。根据国家或当地卫生标准要求及对样品污染程度的估计，连续做几个 10 倍递增稀释，并选择 3 个连续的稀释度，用于接种乳糖胆盐发酵管。

2. 乳糖发酵试验

接种量在 1 mL 以上者，用双料乳糖胆盐发酵管；1 mL 及 1 mL 以下者，用单料乳糖胆盐发酵管。选择 3 个稀释度，每个稀释度接种 3 管乳糖胆盐发酵管，置于(36±1)℃培养(48±2) h，观察是否产气。不产气的管报告为大肠菌群阴性。

3. 分离培养

将产气发酵管培养物转种于伊红美蓝琼脂平板上，(36±1)℃培养 18～24 h，观察菌落形态。典型的大肠菌群菌落呈紫黑色并带有金属光泽或无光泽，而红色、粉红色菌落检出率较低。

4. 证实试验

挑取平板上的可疑菌落，进行革兰染色镜检。同时接种乳糖发酵管于(36±1)℃培养(24±2) h，观察产气情况。凡乳糖发酵管产气、镜检为革兰染色阴性的无芽孢杆菌者，即可报告为大肠菌群阳性。

5. 报告

根据证实为大肠菌群阳性的管数，查 MPN 表(表 3-4)，报告每 100 mL(g)大肠菌群的 MPN 值。MPN(most probable number)为最可能数，是应用统计学原理和方法，根据试验的阳性管数计算出样品中大肠菌群的含量，报告出每 100 mL(g)大肠菌群的最可能数。

表 3-4　大肠菌群最可能数 MPN 检索表

阳性管数				阳性管数			
0.1	0.01	0.001	MPN	0.1	0.01	0.001	MPN
0	0	0	<3	1	2	1	15
0	0	1	3	1	2	2	20
0	0	2	6	1	2	3	24
0	0	3	9	1	3	0	16
0	1	0	3	1	3	1	20
0	1	1	6.1	1	3	2	24
0	1	2	9.2	1	3	3	29
0	1	3	12	2	0	0	9.1
0	2	0	6.2	2	0	1	14
0	2	1	9.3	2	0	2	20
0	2	2	12	2	0	3	26
0	2	3	16	2	1	0	15
0	3	0	9.4	2	1	1	20
0	3	1	13	2	1	2	27
0	3	2	16	2	1	3	34
0	3	3	19	2	2	0	21
1	0	0	3.6	2	2	1	28

续表 3-4

阳性管数				阳性管数			
0.1	0.01	0.001	MPN	0.1	0.01	0.001	MPN
1	0	1	7.2	2	2	2	35
1	0	2	11	2	2	3	42
1	0	3	15	2	3	0	29
1	1	0	7.3	2	3	1	36
1	1	1	11	2	3	2	44
1	1	2	15	2	3	3	53
1	1	3	19	3	0	0	23
1	2	0	11	3	0	1	39
3	0	2	64	3	2	1	150
3	0	3	95	3	2	2	210
3	1	0	43	3	2	3	290
3	1	1	75	3	3	0	240
3	1	2	120	3	3	1	460
3	1	3	160	3	3	2	1 100
3	2	0	93	3	3	3	>1 100

注:①本表采用三管法 3 个稀释度[0.1 g(mL)、0.01 g(mL)和 0.001 g(mL)],每个稀释度接种 3 管;②表内所列检样量如改用 1 g(mL)、0.1 g(mL)和 0.01 g(mL)时,表内数字应相应降低 10 倍;如改用 0.01 g(mL)、0.001 g(mL)和 0.000 1 g(mL)时,则表内数字应相应增加 10 倍,其余类推。

具体操作参见中华人民共和国国家标准《食品卫生微生物学检验　大肠菌群测定》(GB 4789.3—2016)。

大肠菌群的检测程序见图 3-2。

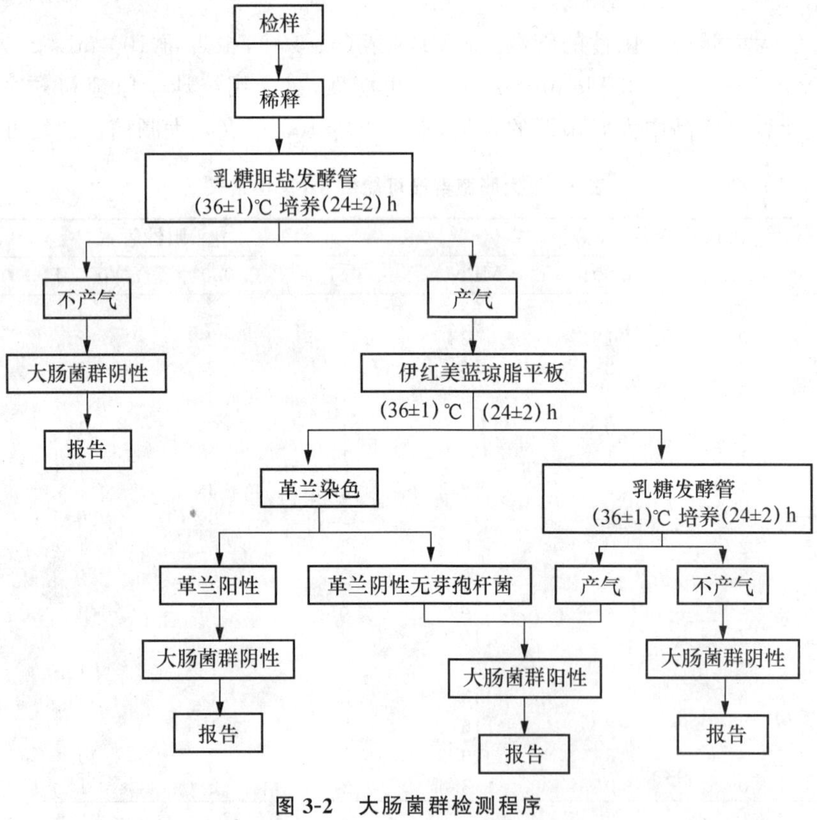

图 3-2　大肠菌群检测程序

第三节　其他检验技术

一、荧光抗体检测技术(IFA)

用以快速检测细菌的荧光抗体技术主要有直接法和间接法。直接荧光抗体检测法是在检样上直接滴加已知特异性荧光标记的抗血清，经洗涤后在荧光显微镜下观察结果。间接法是在检样上滴加已知细菌特异性抗血清，待作用后经洗涤，再加入荧光标记的抗体后在荧光显微镜下观察结果。此技术可用于沙门氏菌、炭疽杆菌检测等。IFA 方法简便、快速、经济，但有时受到样本中非特异性荧光的干扰，影响结果的判定，并且需要昂贵的荧光显微镜。

二、免疫酶技术(EIA)

免疫酶技术是将抗原、抗体特异性反应和酶的高效催化作用原理有机结合的一种新颖、实用的免疫学分析技术。它通过共价结合将酶与抗原或抗体结合，形成酶标抗原或抗体，或通过免疫方法使酶与抗酶抗体结合，形成酶抗体复合物。这些酶标抗体(抗原)或酶抗体复合物仍保持免疫学活性和酶活性，可以与相应的抗原(抗体)结合，形成酶标记的抗原—抗体复合物。在遇到相应的底物时，这些酶可催化底物反应，从而生成可溶或不溶的有色产物或发光产物，可用仪器进行定性或定量测定。常用的酶技术分为固相免疫酶测定技术、免疫酶定位技术、免疫酶沉淀技术。固相免疫酶测定技术分为限量抗原底物酶法、酶联免疫吸附试验(ELISA)。酶联免疫吸附试验又分为间接法、竞争法、双抗体夹心法、酶-抗酶复合物法、生物素-亲和素系统。在病原菌和真菌毒素检测中，应用较多的是竞争法、双抗体夹心法。

三、聚合酶链式反应(PCR)技术

聚合酶链式反应(polymerase chain reaction，PCR)技术是 1985 年诞生的一项 DNA 体外扩增技术。该技术通过对人工难以培养的微生物相应 DNA 片段进行扩增，检测扩增产物含量，从而快速地对食品中致病菌含量进行检测。检测时，首先在高温下(95℃)使得蛋白质变性，DNA 双链变成单链，再迅速降温(55℃)，使单链 DNA 退火，然后进行延伸(72℃)，之后温度重新上升到 95℃，开始新的循环。经约 30 次循环扩增后，将一个单分子 DNA 扩增到 10^n 个分子。整个过程可以在 1 h 内通过自动热量循环器完成。理论上，只要样品中含有 1 个单分子 DNA，就完全可以通过 PCR 技术在短时间内检测到。这种测定方法的优点是测定结果迅速，灵敏度和特异性高，检测成本低。PCR 技术采用 DNA 扩增和自动化程序对特定的致病菌进行检测，已经成功地对沙门氏菌、大肠杆菌 O157∶H7、单核增生李斯特菌等致病菌进行了有效测定。

实时定量 PCR(real-time quantitative polymerase chain reaction，RQ-PCR)技术是从传统 PCR 技术发展而来的新技术，其基本原理相同，但定量技术原理不同，是在 PCR 反应体

系中加入荧光基团，利用荧光信号的积累实时监测整个 PCR 进程，通过标准曲线对未知模板进行定量分析的方法。这种方法既保持了 PCR 技术灵敏、快速的特点，又克服了以往 PCR 技术中存在的假阳性污染和不能进行准确定量的缺点。另外，还有重复性好、省力、费用低等优点，对定量检测细菌、病毒、衣原体、支原体等均有良好的检测效果。

四、核酸探针技术

将已知核苷酸序列 DNA 片段用同位素或其他方法标记，加入已变性的被检 DNA 样品中，在一定条件下即可与该样品中有同源序列的 DNA 区段形成杂交双链，从而达到鉴定样品中 DNA 的目的，这种能认识到特异性核苷酸序列有标记的单链 DNA 分子称为核酸探针或基因探针。根据核酸探针中核苷酸成分的不同，可将其分成 DNA 探针或 RNA 探针；根据选用基因的不同分成 2 种，一种探针能同微生物中全部 DNA 分子中的一部分发生反应，它对某些菌属、菌种、菌株有特异性；另一种探针只能限制性同微生物中某一基因组 DNA 发生杂交反应，它对某种微生物中的一种菌株或仅对微生物中某一菌属有特异性。核酸探针检测技术的最大优点是特异性和敏感性。但探针检测技术中也存在一定的问题，如检测一种菌就需要制备一种探针；要达到检测量还要对样品进行一定时间的培养；探针检测仅仅是分析基因序列，对一些微生物毒素污染但不含产毒菌的食品无法检测。近年来，DNA 探针杂交技术在食品微生物检测中的应用研究十分活跃，目前，已可以用 DNA 探针检测食品中的大肠杆菌、沙门氏菌、志贺氏菌、李斯特菌、金黄色葡萄球菌等。

Project 4

细菌学检验分论

第一节　致病性大肠杆菌检验

大肠杆菌是大肠埃希菌(*E. coli*)的简称，属于肠杆菌科埃希菌属(*Escherichia*)。致病性大肠杆菌是能导致人和动物发生疾病的一群大肠杆菌，与非致病性大肠杆菌在形态特征、生化与培养特性方面几乎无法区别。

通过动物产品使人发生疾病的致病性大肠杆菌，根据生物学特性差异，分为肠致病性大肠杆菌(EPEC)、肠侵袭性大肠杆菌(EIEC)、产肠毒素大肠杆菌(ETEC)、产志贺毒素大肠杆菌(STEC)[包含肠出血性大肠杆菌(EHEC)]和肠集聚性大肠杆菌(EAEC)5类，因主要引起腹泻症状，故统称为致泻大肠杆菌。

大肠杆菌O157∶H7是EHEC中的主要致病菌株，近年来在许多国家均有其引发的感染中毒病例出现。

一、致病性大肠杆菌生物学特性

(一)形态与染色

大肠杆菌呈两端钝圆的直杆形，大小为(0.4～0.7) μm×(2.0～3.0) μm，单个或成对存在，无芽孢，多有周生鞭毛能运动，但也有无鞭毛的变异株，少数菌株能形成荚膜。革兰染色阴性。

(二)生化与培养特性

大肠杆菌能发酵多种糖类等碳水化合物产酸产气，也有不产气的生化型，其基本生化特性见表4-1。约半数菌株能发酵蔗糖，大多数菌株可迅速发酵乳糖和山梨醇，极少数迟缓发酵或不发酵。O157∶H7/NM菌株不发酵或迟缓发酵山梨醇，不能分解4-甲基伞形酮-*β*-*D*-葡萄糖醛酸苷(MUG)产生荧光。

表4-1　大肠杆菌的基本生化特性

项目	特性	项目	特性
葡萄糖	＋	枸橼酸盐	－
乳糖	＋/×	氧化酶	－
蔗糖	d	硫化氢	－
甘露醇	＋	尿素酶	－
卫矛醇	d	明胶液化	－
水杨苷	d	在KCN中生长	－
山梨醇	＋/×	苯丙氨酸脱羧酶	－
肌醇	－	丙二酸钠	－
靛基质	＋	赖氨酸脱羧酶	＋/－
甲基红	＋	精氨酸双水解酶	(＋)/－
VP	－	鸟氨酸脱羧酶	＋/－

注：＋阳性；－阴性；×迟缓不规则阳性或阴性；d有不同生化型；＋/－多数阳性，少数阴性；(＋)/－多数迟缓阳性，少数阴性。

大肠杆菌为兼性厌氧菌，对营养要求不高，在普通培养基上能良好生长。在普通平板培养 18～24 h，形成圆形、表面湿润、中央凸起、直径 2～3 mm 的灰白色菌落，有的菌株可形成较大、干燥、边缘不整齐的粗糙型菌落。在选择鉴别平板上生长 24 h，形成的菌落特征见表 4-2。

表 4-2　大肠杆菌在不同选择鉴别平板上的菌落特征

选择鉴别平板	菌落特征
麦康凯(MAC)平板	分解乳糖菌株形成红色菌落；不分解乳糖者形成无色或淡粉色菌落。
伊红美蓝(EMB)平板	分解乳糖菌株形成紫黑色菌落，带或不带金属光泽；不分解乳糖者菌落呈无色或淡粉色。
改良山梨醇麦康凯(CT-SMAC)平板	O157 菌株形成圆形、光滑、较小的无色菌落，中心呈较暗的灰褐色。其他大肠杆菌不生长。
大肠杆菌 O157 显色平板	与各种显色培养基的说明相符(如在海博 O157 显色平板上，O157 菌株形成亮红色菌落；其他大肠杆菌形成暗蓝色菌落，周围有蓝色晕圈)。

(三)抗原构造

大肠杆菌抗原主要包括菌体(O)抗原、包膜(K)抗原和鞭毛(H)抗原 3 种，是其血清学分型的依据。此外，某些菌株还有菌毛(F)抗原。

1. O 抗原

O 抗原是细胞壁中的一种耐热的多糖-磷脂-蛋白质复合物，121℃加热 2 h 不能破坏其抗原性。目前确定的大肠杆菌 O 抗原有 164 种，以阿拉伯数字表示，但序号已排至 173。O 抗原是大肠杆菌血清分群的基础，每个大肠杆菌菌株只含有一种 O 抗原，可用单因子抗 O 血清做凝集试验进行鉴定。

2. K 抗原

K 抗原是菌体表面的一种对热不稳定的多糖物质，存在于荚膜或被膜中。由于 K 抗原存在于 O 抗原外周，因此具有 K 抗原的菌株都具有 O 不凝集性。大肠杆菌 K 抗原目前已知有约 80 种。根据物理性质的差异，可将 K 抗原分为 L、A、B 3 类。L 抗原和 B 抗原均对热敏感，100℃加热 1 h 即可丧失抗原性和 O 不凝集性，L 抗原与相应抗体的结合能力丧失，但 B 抗原仍能与相应抗体结合。A 抗原为耐热抗原，120℃处理 2 h 可破坏其抗原性和 O 不凝集性，但仍保留与相应抗体的结合能力。具有 A 抗原的菌株有荚膜，而具有 L 抗原和 B 抗原的菌株无荚膜。

3. H 抗原

H 抗原是一种不耐热的鞭毛蛋白抗原，加热至 80℃或经乙醇处理后可破坏其抗原性。大肠杆菌 H 抗原约有 56 种，每一株有动力的菌株仅含有一种 H 抗原，且均为单相抗原，无鞭毛菌株则不含 H 抗原。

4. 菌毛(F)抗原

菌毛抗原是一种蛋白质抗原，对热不稳定。菌毛抗原与细菌的黏附作用有关，是某些致病性大肠杆菌的主要致病因子之一，具有宿主特异性，可用于血清学鉴定。在对动物致病的大肠杆菌中，已发现的菌毛抗原有 F4(K88)、F5(K99)、F6(987P)、F17、F18、F41 等多种。使人类致泻的大肠杆菌菌毛抗原有 F2(CFA Ⅰ)、F3(CFA Ⅱ)等。

大肠杆菌的血清型常用 O、K、H 加上相应的阿拉伯数字表示，如致泻大肠杆菌 O6∶K15∶H16，即表示该菌 O 抗原为 6、K 抗原为 15、H 抗原为 16。

二、致病性大肠杆菌公共卫生

(一)流行病学

引起致泻大肠杆菌感染与中毒的动物产品主要为各类熟肉制品、冷荤、生牛奶，其次是蛋及蛋制品，乳制品等。中毒多发生于 3～9 月，因被粪便间接污染的食物在食用前未加热或加热不彻底而引起。患病或带菌动物往往是动物产品污染的根源，如牛肉、奶制品的污染大多来自带菌牛；鸡蛋、鸡肉制品的污染大多来自带菌鸡。

大肠杆菌 O157∶H7 引起人的感染约有 70%与进食可疑食物有关。动物来源的食物，如牛肉、鸡肉、牛奶、奶制品等是其经食物传播的主要因素，尤其是在动物屠宰过程中这些食物更易受到寄生在动物肠道中的细菌污染。另外蔬菜、水果等被大肠杆菌 O157∶H7 污染也可造成感染暴发。

(二)致病机理

肠致病性大肠杆菌(EPEC)能在感染肠细胞表面形成黏附/脱落(A/E)损伤。引起 A/E 损伤最主要的蛋白是紧密素。EPEC 通过紧密素与肠上皮细胞紧密黏附，使细胞骨架重新排列，引起肠微绒毛消失，绒毛变形，未成熟肠上皮细胞脱落。A/E 损伤导致了肠黏膜吸收能力的下降，破坏了电解质平衡，从而使机体出现腹泻症状。

肠侵袭性大肠杆菌(EIEC)普遍存在由质粒编码的黏附素 F18。黏附素帮助 EIEC 黏附于大肠(主要是结肠)上皮细胞表面，然后细菌侵入细胞内并在其中生长繁殖，使黏膜刷状缘受损，局部发生溃疡甚至出血。

产肠毒素大肠杆菌(ETEC)的主要致病因子是菌毛黏附素和肠毒素。黏附素有菌毛黏附素和非菌毛黏附素 2 种，常见的是菌毛黏附素。当进入肠腔后，ETEC 依赖黏附素黏附于小肠上皮细胞表面，从而避免被肠蠕动和肠液分泌所除，得以在肠腔内定居、繁殖并产生肠毒素。肠毒素分为耐热肠毒素(ST)和不耐热肠毒素(LT)，作用是导致小肠上皮细胞液体分泌机能亢进从而引起水样腹泻。

肠出血性大肠杆菌(EHEC)属于产志贺毒素大肠杆菌(STEC)，致病机制包括两个方面，黏附于上皮细胞表面产生 A/E 损伤和产生类志贺毒素引起靶器官损伤。EHEC 定居部位在小肠远端，主要在盲肠和结肠的隐窝和绒毛间。类志贺毒素不仅引起肠上皮细胞坏死脱落，还能损害肾和神经组织细胞、血管内皮细胞等。EHEC O157∶H7 的主要致病因子是类志贺毒素、黏附素(紧密素)和溶血素。

肠集聚性大肠杆菌(EAEC)仅附着于肠管而不侵入细胞内。EAEC 通过黏附素附着于小肠上皮细胞，刺激小肠黏膜分泌黏液，随后细菌表面形成生物膜使得彼此间相互聚集成砖块状排列于细胞表面。感染导致微绒毛变短，单核细胞浸润和出血。

(三)感染症状

致病性大肠杆菌引起的食物中毒是感染型和毒素型的综合作用，主要症状为肠胃炎，临床表现呕吐、腹泻、发热、头痛、腹痛等。

EHEC O157：H7 感染的潜伏期为 2～7 d(平均 4 d)，患者大多数急性起病，常突然发生剧烈腹痛和非血性腹泻，随后出现血性腹泻，低热或不发热。病程一般为 2～9 d。感染严重者 1 周后可发生溶血性尿毒综合征，并可出现窦性心动过缓、惊厥和血小板减少性紫癜等并发症。

三、致病性大肠杆菌检验方法

（一）致泻大肠杆菌国家标准检验方法(详见 GB 4789.6—2016)

国家标准(GB 4789.6—2016)中规定的动物产品中致泻大肠杆菌的检验方法主要包括增菌培养、分离培养、生化鉴定、PCR 确认试验 4 个步骤，检验程序见图 4-1。

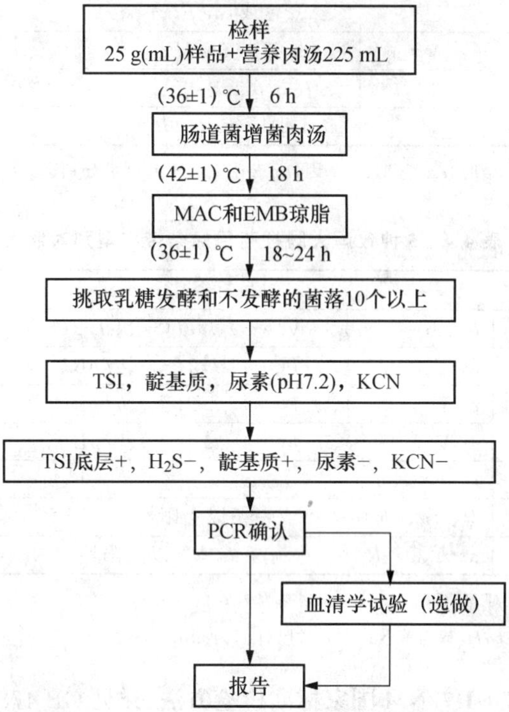

图 4-1　致泻大肠杆菌检验程序(源自 GB 4789.6—2016)

1. 增菌培养

采样之后应尽快检验。取 25 g(mL)样品加入 225 mL 营养肉汤中，匀浆化(液态样品振荡混匀即可)后于(36±1)℃培养 6 h。取 10 μL 培养物接种于 30 mL 肠道菌增菌肉汤中，(42±1)℃培养 18 h。

2. 分离培养

取增菌液划线接种于 MAC 平板和 EMB 平板上，于(36±1)℃培养 18～24 h，观察菌落特征。

3. 生化试验

选取 MAC 平板和 EMB 平板上的发酵乳糖或不发酵乳糖的菌落 10 个以上，分别接种三糖铁(TSI)斜面，同时分别接种蛋白胨水、pH 7.2 尿素琼脂、KCN 肉汤，于(36±1)℃培养

18～24 h。TSI 斜面产酸或不产酸、底层产酸，靛基质阳性，H_2S 阴性和尿素酶阴性的培养物为大肠杆菌。TSI 斜面底层不产酸，或 H_2S、尿素和 KCN 有一项为阳性的培养物均不是大肠杆菌。必要时做氧化酶试验和革兰染色。

也可选择生化鉴定试剂盒或微生物鉴定系统进行鉴定。

4. PCR 确认试验

以 5 种大肠杆菌的特征基因（表 4-3）为目的基因，分别设计特异引物。取生化反应符合大肠杆菌特征的菌落，提取细菌 DNA，进行特征基因的扩增，按表 4-4 判定结果。

表 4-3　5 种致泻大肠杆菌特征基因

致泻大肠杆菌类别	特征性基因	
EPEC	*escV* 或 *eae*、*bfpB*	*uidA*
STEC/EHEC	*escV* 或 *eae*、*stx1*、*stx2*	
EIEC	*invE* 或 *ipaH*	
ETEC	*lt*、*stp*、*sth*	
EAEC	*astA*、*aggR*、*pic*	

注：进行特征性基因 PCR 扩增时，*escV* 和 *eae* 基因，*invE* 和 *ipaH* 基因可分别选其中一个。

表 4-4　5 种致泻大肠杆菌目标条带与型别对照表

致泻大肠杆菌类别	目标条带种类组合	
EPEC	*bfpB*（＋/－）、*escV*[a]（＋）、*stx1*（－）、*stx2*（－）	*uidA*[c]（＋/－）
STEC/EHEC	*escV*[a]（＋/－）、*stx1*（＋）、*stx2*（－）、*bfpB*（－）	
	escV[a]（＋/－）、*stx1*（－）、*stx2*（＋）、*bfpB*（－）	
	escV[a]（＋/－）、*stx1*（＋）、*stx2*（＋）、*bfpB*（－）	
EIEC	*invE*[b]（＋）	
ETEC	*lt*、*stp*、*sth* 中一条或一条以上阳性	
EAEC	*astA*、*aggR*、*pic* 中一条或一条以上阳性	

注：[a]在判定 EPEC 或 STEC/EHEC 时，*escV* 与 *eae* 基因等效；

[b]在判定 EIEC 时，*invE* 与 *ipaH* 基因等效；[c]97%大肠杆菌为 *uidA* 阳性。

（二）大肠杆菌 O157：H7/NM 国家标准检验方法（详见 GB 4789.6—2016）

1. 常规培养法

该法大致分为增菌培养、分离培养、初步生化试验、O157：H7/NM 鉴定 4 个步骤，检验程序见图 4-2。

（1）增菌培养。取 25 g(mL)样品加入 225 mL 改良 EC(mEC±n)肉汤中，进行匀浆化（液态样品振荡混匀即可），(36±1)℃培养 18～24 h。

（2）分离培养。取(mEC±n)肉汤培养物，分别划线接种 CT-SMAC 平板和大肠杆菌 O157 显色平板，(36±1)℃培养 18～24 h，观察菌落特征。

（3）初步生化试验。在 CT-SMAC 平板和大肠杆菌 O157 显色平板上分别挑取 5～10 个可疑菌落，分别接种 TSI 琼脂，同时接种月桂基硫酸盐胰蛋白胨-MUG(MUG-LST)肉汤，并做阳性和阴性对照，(36±1)℃培养 18～24 h。必要时进行氧化酶试验和革兰染色。将 MUG-LST 肉汤培养物置于长波紫外灯下观察有无荧光。结果判定见表 4-6。挑取可疑菌

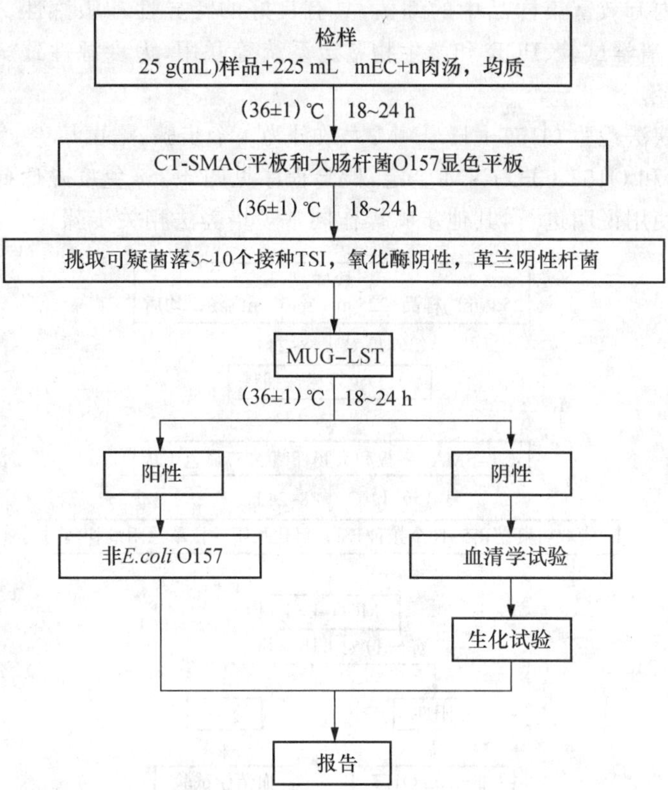

图 4-2 大肠杆菌 O157：H7/NM 常规培养法检验程序(源自 GB 4789.36—2016)

落用普通平板分纯，(36±1)℃培养 18～24 h，进行下列鉴定。

(4)O157：H7/NM 鉴定。

①血清学鉴定。在普通平板上挑取分纯的菌落，采用玻板凝集试验分别鉴定 O157 抗原和 H7 抗原。对 H7 因子血清不凝集者，应穿刺接种半固体琼脂，检查动力，经连续传代 3 次，动力试验均为阴性者确定为无动力株。

②生化鉴定。挑取普通平板上的菌落，进行生化试验。大肠杆菌 O157：H7/NM 生化反应特征见表 4-5。

表 4-5 大肠杆菌 O157：H7/NM 的生化特性

项目	特性	项目	特性
三糖铁琼脂	底层及斜面呈黄色，H_2S－	赖氨酸脱羧酶	＋
山梨醇	X	鸟氨酸脱羧酶	＋
靛基质	＋	纤维二糖发酵	－
氧化酶	－	棉籽糖发酵	＋
MR-VP 试验	MR＋，VP－	MUG 试验	－(无荧光)
西蒙氏柠檬酸盐	－	动力试验	＋或－

注：＋阳性；－阴性；X 迟缓发酵或阴性。

2. 免疫磁珠捕获法

免疫磁珠是表面包被有抗体的磁性微球，具有与相应抗原结合的特性。采用免疫磁珠技术能在短时间内有效富集样品中的细菌,具有良好的特异性和敏感性。筛选结果可以与常规生化试验、血清学试验、PCR 和微生物鉴定系统等联用,为食源性致病菌的检测提供了一种快速筛选途径。

免疫磁珠捕获法检验 O157∶H7/NM 大致分为 4 个步骤:增菌培养、免疫磁珠捕获与分离、初步生化试验和 O157∶H7/NM 鉴定,检验程序见图 4-3。免疫磁珠捕获与分离操作按照生产商提供的使用说明进行,其他步骤操作同常规培养法相关步骤。

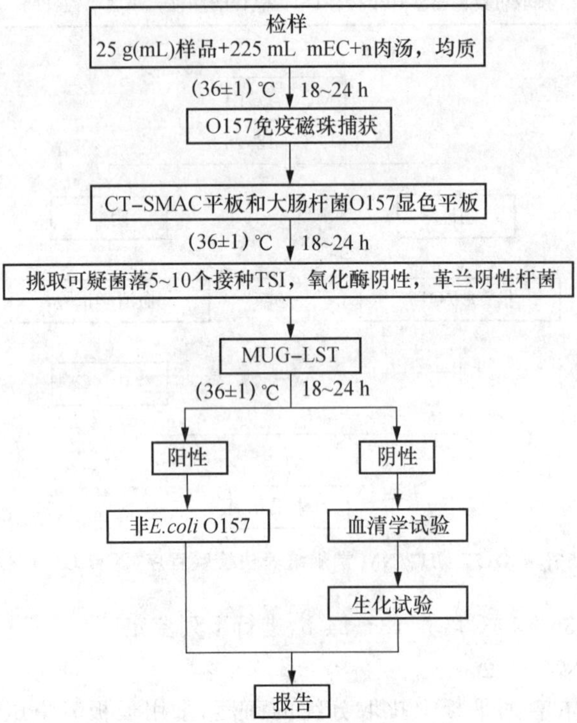

图 4-3 大肠杆菌 O157∶H7/NM 免疫磁珠捕获法检验程序

(源自 GB 4789.36—2016)

第二节 沙门氏菌属检验

沙门氏菌属(*Salmonella*)归属于肠杆菌科,是一个重要的人畜共患病原菌属,不仅可引起禽伤寒、鸡白痢、仔猪副伤寒、马流产等多种动物疾病,还能引起人类感染和食物中毒。在世界各地的食物中毒中,由沙门氏菌引起的中毒病例占首位。

沙门氏菌属分为 2 个种,即肠道沙门氏菌和邦戈沙门氏菌,前者的公共卫生关注程度较高。肠道沙门氏菌又分为 6 个亚种:肠道亚种(Ⅰ)、萨拉姆亚种(Ⅱ)、亚利桑那亚种(Ⅲa)、双相亚利桑那亚种(Ⅲb)、豪顿亚种(Ⅳ)及英迪加亚种(Ⅵ)。在动物产品中,以Ⅰ型最为常见。

沙门氏菌虽已规定新的命名法,但目前仍沿用简单的通用名,即以该菌所致疾病或最初分离地等方式命名。本菌属致病性最强的是猪霍乱沙门氏菌(*S. cholerae-suis*),其次是鼠伤寒沙门氏菌(*S. typhimurium*)和肠炎沙门氏菌(*S. enteritidis*)。

一、沙门氏菌属生物学特性

(一)形态与染色

沙门氏菌属是一群两端钝圆的直杆菌，大小通常为(0.7～1.5) μm×(2.0～5.0) μm，无芽孢，一般无荚膜。除鸡白痢沙门氏菌、鸡伤寒沙门氏菌外都具有周身鞭毛，能运动。大多数具有菌毛，能吸附于宿主细胞表面或凝集豚鼠红细胞。革兰染色阴性。

(二)生化与培养特性

沙门氏菌属大多数成员生化特性较为一致(表 4-6)，如发酵糖类产酸产气，但伤寒沙门氏菌、鸡伤寒沙门氏菌及部分鸡白痢沙门氏菌发酵糖不产气。沙门菌属各个亚种生化特性见表 4-7。

表 4-6　沙门氏菌基本生化特性

项目	特性	项目	特性
葡萄糖	+	靛基质	−
乳糖	−/×	硫化氢	+/−
蔗糖	−	尿素酶	−
麦芽糖	+	明胶液化	d
甘露醇	+	在 KCN 中生长	−
山梨醇	+	苯丙氨酸脱羧酶	−
卫矛醇	d	丙二酸钠	−/+
水杨苷	−	赖氨酸脱羧酶	+
甲基红	+	精氨酸水解酶	+/(+)
V-P	−	鸟氨酸脱羧酶	+

注：+阳性；(+)迟缓阳性；−阴性；×迟缓不规则阳性或阴性；d 有不同生化型；+/−多数阳性，少数阴性；−/+多数阴性，少数阳性；+/(+)多数阳性，少数迟缓发酵。

表 4-7　肠道沙门氏菌 6 个亚种和邦戈沙门氏菌的生化特性

项目	肠道沙门氏菌亚种						邦戈沙门氏菌(原亚种Ⅴ)
	Ⅰ	Ⅱ	Ⅲa	Ⅲb	Ⅳ	Ⅵ	
卫矛醇	+	+	−	−	−	−	+
山梨醇	+	+	+	+	+	−	+
水杨苷	−	−	−	−	+	−	−
ONPG	−	−	+	+	−	−	+
KCN	−	−	−	−	+	−	+
丙二酸盐	−	+	+	+	−	−	−

注：+表示阳性，−表示阴性。

沙门氏菌属为兼性厌氧菌，对营养要求不高，大多数在普通培养基上能良好生长。在普通琼脂上，37℃培养 24 h，形成圆形、无色、半透明、表面光滑、直径 2～3 mm 的菌落。在不同的选择性平板上，形成的菌落特征见表 4-8。

表 4-8　沙门氏菌属在不同选择性平板上的菌落特征

选择性琼脂平板	菌落特征
BS 琼脂	黑色有金属光泽、棕褐色或灰色菌落，周围培养基可呈黑色或棕色；有些菌株形成灰绿色菌落，周围培养基不变。
HE 琼脂	蓝绿色或蓝色菌落，多数中心黑色或几乎全黑色；有些菌株形成黄色菌落，中心黑色或几乎全黑色。
XLD 琼脂	菌落呈粉红色，带或不带黑色中心，有些菌株可呈现大的有光泽的黑色中心，或呈现全部黑色的菌落；有些菌株形成黄色菌落，带或不带黑色中心。
沙门氏菌属显色培养基	与各种显色培养基的说明相符（如在科玛嘉显色平板上形成紫红色菌落）。

（三）抗原构造

沙门氏菌属细菌含有的主要抗原是 O 抗原和 H 抗原，是对大多数沙门氏菌进行血清型鉴定的基础。此外，少数沙门氏菌具有 Vi 抗原。

1. O 抗原

O 抗原是每个沙门氏菌菌株的必有成分，为细胞壁表面的一种耐热多糖抗原，100℃ 2.5 h 不被破坏，能刺激机体产生 IgM 抗体。O 抗原的特异性依赖于 LPS 多糖侧链的组成，而其决定簇又由该侧链上末端单糖及多糖链上单糖的排列顺序所决定。多数菌株具有 2 种及以上的 O 抗原。O 抗原以阿拉伯数字表示，将具有共同 O 抗原的各血清型菌株归入一群，可将沙门氏菌属分为 A～Z、O51～O63、O65～O67 共 42 个群。我国已发现 26 个菌群、161 个血清型。使人类致病的沙门氏菌大多属于 A～F 群。

2. H 抗原

H 抗原是沙门氏菌属的蛋白质性鞭毛抗原，具有热不稳定性，60℃水浴 30～60 min 可破坏其抗原性；酒精也可破坏其抗原性，但甲醛不能。H 抗原主要刺激机体产生 IgG 抗体。H 抗原可分为第 1 相和第 2 相 2 种。第 1 相仅为少数沙门氏菌所独有，故也称特异相，用英文小写字母表示。第 2 相为数种沙门氏菌所共有，也称非特异相，用阿拉伯数字表示。多数沙门氏菌具有第 1 和第 2 两相 H 抗原，称为双相菌，并常发生位相变异。少数沙门氏菌只有其中一相 H 抗原，称为单相菌。极少数无鞭毛菌（如鸡白痢沙门氏菌）两相抗原都不具有，称为无相菌。

3. Vi 抗原

伤寒沙门氏菌、丙型副伤寒沙门氏菌和部分都柏林沙门氏菌菌体最表面具有包膜抗原，功能上相当于大肠杆菌 K 抗原，因其与毒力有关，故称为 Vi 抗原。Vi 抗原是一种 *N*-乙酰-*D*-半乳糖胺糖醛酸聚合物，不耐热。60℃加热 1 h、苯酚处理均可破坏其凝集性。在普通培养基上多次传代后，Vi 抗原容易丢失。Vi 抗原的抗原性弱，仅能刺激机体产生较低效价的抗体。有 Vi 抗原的菌株不被相应的抗 O 血清凝集，因此要进行 O 凝集反应，必须先去除 Vi 抗原。

同一 O 群的沙门氏菌又根据它们的 H 抗原的不同再细分成许多不同的血清型。本属菌的血清型表示方法是 O 抗原：第 1 相 H 抗原：第 2 相 H 抗原。例如鼠伤寒沙门氏菌血清型为 1,4,[5],12:i:1,2，即表示该菌具有 O 抗原 1,4,[5],12，第 1 相 H 抗原为 i，第 2 相 H

抗原为1,2,中括号中抗原表示该抗原可能缺失。

二、沙门氏菌属公共卫生

(一)流行病学

沙门氏菌可存在于各种动物的体表、肠道和内脏以及被动物粪便污染的水和土壤中,健康家畜带菌率为2%～15%,鸡带菌率为12%～14%。发生全身感染的患病畜禽肉及内脏中则带有大量的沙门氏菌,可通过畜禽屠宰、加工、运输、贮存、销售和烹饪等多个环节污染食品。饮食行业从业人员病患或带菌者也是一个重要的污染源。

食品被沙门氏菌污染后在20～37℃下放置较久,细菌大量繁殖,在食用前又未加热或加热杀菌不彻底,极易引起食物中毒。引起食物中毒的食品主要是动物性食品,尤其是肉类(如病死畜禽肉、酱或卤肉、腌制肉、熟内脏等),其次是鱼类、乳类、蛋类及其制品。豆制品和糕点引起沙门氏菌食物中毒较少发生。由于沙门氏菌属不分解蛋白质,不产生靛基质,食物被污染后无感官性状的变化,所以污染易被忽视。一般来说,食入致病力强的沙门氏菌2×10^{5} CFU/g即可发病,致病力弱的沙门氏菌10^{8} CFU/g也可发病。

沙门氏菌食物中毒全年都可发生,主要在5～10月,以7～9月最多。

(二)致病机理

某些沙门氏菌血清型能产生毒力较强的内毒素和肠毒素。当细菌随食物进入消化道后,可在小肠和结肠内继续繁殖,附于肠黏膜或侵入黏膜及黏膜下层,在其内毒素和肠毒素的参与下,引起肠黏膜的充血、水肿、组织炎症,经淋巴系统进入血液,出现菌血症,引起全身感染。由于中毒是摄食一定量活菌及其在人体内生长繁殖所引起,故该菌引起的食物中毒属感染型。

(三)感染症状

潜伏期一般12～36 h,长者达48～72 h,中毒初期表现为头痛、恶心、食欲不振。以后出现呕吐、腹泻、体温升高,并有水样便,有时带脓血黏液,重者出现寒战、抽搐和昏迷等。病程一般3～7 d,一般愈后良好,病死率常低于1%。

三、沙门氏菌检验方法

目前国家规定的对动物产品中沙门氏菌的常规检测方法(详见GB 4789.4—2016)主要是根据沙门氏菌的生化特性,采取预增菌、增菌、分离培养、生化鉴定和血清分型5个步骤进行,检验程序见图4-4。具体操作程序见实训部分沙门氏菌检验。

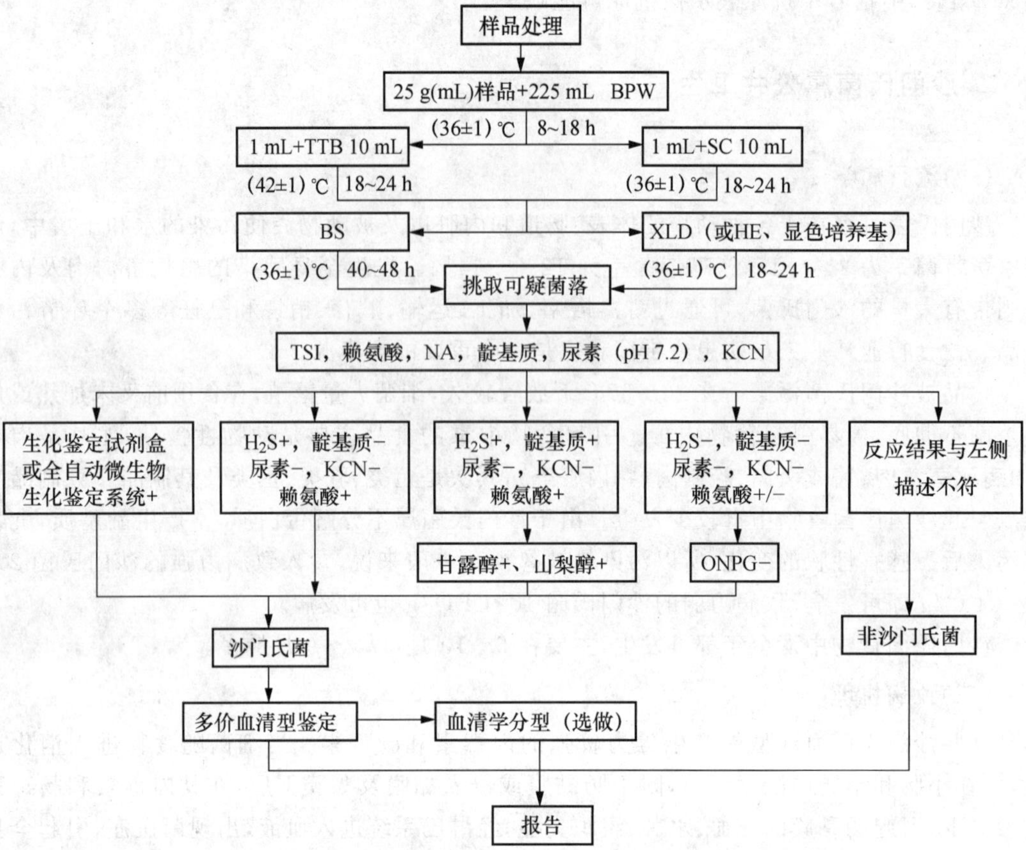

图 4-4　沙门氏菌常规检验程序(源自 GB 4789.4—2016)

第三节　金黄色葡萄球菌检验

金黄色葡萄球菌(*S. aureus*)属于微球菌科葡萄球菌属(*Staphylococcus*),不仅是引起化脓性疾病的重要致病菌,还能引起毒素性疾病,包括人或动物的中毒性胃肠炎及人的毒素休克综合征等。

金黄色葡萄球菌分为 2 个亚种,即厌氧亚种和金黄亚种,是引起人葡萄球菌食物中毒的主要病原体。葡萄球菌属的表皮葡萄球菌、里昂葡萄球菌等也可引起食物中毒。

金黄色葡萄球菌食物中毒与其产生的肠毒素有关。肠毒素是一种可溶性蛋白质,高度耐热,100℃煮沸 30 min 而不被破坏。目前已证实金黄色葡萄球菌肠毒素有 11 个型,包括 A、B、C1、C2、C3、D、E、G、H、I 和 J。食物中毒时,以 A 型肠毒素最为常见,经常单独或与其他型共同出现于中毒食品中。在各型肠毒素中,A 型肠毒素毒力最强。

一、金黄色葡萄球菌生物学特性

(一)形态与染色

金黄色葡萄球菌呈球形,直径约 0.8 μm,与非致病性葡萄球菌相比略小一些。菌体排列较整齐,在脓汁或液体培养基中生长常呈单个、双球或短链状;在固体培养基上,可呈典型葡萄串状。本菌无鞭毛,无芽孢,一般不产生荚膜。革兰染色阳性。

(二)生化与培养特性

金黄色葡萄球菌可发酵多种糖类,产酸不产气,其基本生化特性见表 4-9。

表 4-9 金黄色葡萄球菌基本生化特性

项目	特性	项目	特性
葡萄糖	+	水杨苷	—
麦芽糖	+	阿拉伯糖	—
蔗糖	+	还原硝酸盐	+
果糖	+	还原亚硝酸盐	+
甘露醇	+	液化明胶	+
乳糖	+	血浆凝固酶	+
核糖	+	分解卵黄	+
木糖	—	水解尿素	+

注:+阳性;—阴性。

金黄色葡萄球菌对营养要求不高,需氧或兼性厌氧(厌氧亚种为厌氧菌),20% CO_2 环境有利于肠毒素的产生。该菌比其他葡萄球菌更耐高盐,可在含 15% NaCl 的培养基中生长。普通肉汤培养 24 h,呈均匀混浊生长,培养 2~3 d 后可形成很薄的菌环,在管底则形成多量黏稠沉淀。在普通平板上生长 24 h 后,形成圆形、凸起、边缘整齐、湿润、有光泽的不透明菌落,直径 1~2 mm,有时可达 4~5 mm,呈金黄色(厌氧亚种菌落呈白色)。在血平板上形成的菌落较大,菌落周围产生透明的溶血环(β 溶血)。

在 Baird-Parker 平板上,菌落为圆形、光滑、凸起、湿润,直径 2~3 mm,颜色呈灰色到黑色,边缘为淡色,菌落周围为一混浊带,在其外围有一透明环。用接种针触及菌落时有黄油样黏稠感。有时可见不分解脂肪的菌株,其菌落周围没有混浊带和透明环,其他外观基本相同。长期保存的冷冻或干燥食品中所分离的菌落较典型菌落所产生的黑色较淡些,外观可能粗糙且干燥。

(三)抗原构造

葡萄球菌细胞壁中含有多糖及蛋白质两类抗原。多糖抗原化学成分为磷壁酸中的核糖醇残基,具有型特异性。多糖抗原包括 A、B、C 3 个型,金黄色葡萄球菌的多糖抗原为 A 型。蛋白质抗原称为葡萄球菌蛋白 A(SPA),是一种单链多肽,与肽聚糖共价结合。所有人源金黄色葡萄球菌菌株都含有 SPA,部分动物源菌株也有。SPA 能与人、猴、猪、犬等几乎所有哺乳动物的免疫球蛋白的 Fc 段非特异结合,结合后的 IgG 仍能与相应抗原进行特异性反应,这一现象已广泛用于免疫学诊断技术。

二、金黄色葡萄球菌公共卫生

(一)流行病学

金黄色葡萄球菌广泛分布于外界环境中,人和动物带菌情况也是相当普遍。上呼吸道感染患者鼻腔带菌率高达83%。人畜化脓性感染部位是常见的污染源,如奶牛患有金黄色葡萄球菌引起的乳腺炎,在挤奶时乳汁会被大量细菌污染。

金黄色葡萄球菌可存在于任何食品,包括肉、乳、蛋及其制品等所有动物产品中。食品在加工前本身带菌,或在加工、保存过程中受到污染后产生肠毒素,就可能引起人食物中毒。金黄色葡萄球菌肠毒素的中毒剂量<1.0 μg,当食物中金黄色葡萄球菌数量超过 10^5 个/g,就可达到毒素水平。食物中毒多见于春夏季。

(二)致病机理

金黄色葡萄球菌随食物进入消化道但无肠毒素,不会引起食物中毒,只有摄入达中毒剂量的肠毒素才会致病。肠毒素作用于胃肠黏膜,引起充血、水肿、甚至糜烂等炎症,导致水与电解质代谢紊乱,出现腹泻;同时刺激迷走神经的内脏分支而引起反射性呕吐。

(三)中毒症状

金黄色葡萄球菌食物中毒潜伏期短,一般为 2~5 h,极少超过 6 h。患者主要呈急性胃肠炎症状,表现有恶心、呕吐、腹痛和腹泻,以呕吐最为显著。严重者呕吐物和粪便含血液及黏液。一般在数小时至 1~2 d 内迅速恢复。

三、金黄色葡萄球菌检验方法

(一)国家标准检验方法

在国家标准(GB 4789.10—2016)中,金黄色葡萄球菌的检验包括定性检验和定量检验,细菌鉴定的主要依据是形态、生化与培养特性。

1. 金黄色葡萄球菌定性检验

定性检验方法主要步骤包括增菌培养,分离培养和确证鉴定,检验程序见图 4-5。

①增菌培养。取样品 25 g(mL)加入 225 mL 7.5%氯化钠肉汤,均质化后于(36±1)℃培养 18~24 h。

②分离培养。取增菌培养物分别划线接种 Baird-Parker 平板和血平板,置(36±1)℃进行培养,观察菌落特征。

③确证鉴定。挑取平板上的可疑菌落 5 个以上,分别接种到 5 mL 脑心浸出液(BHI)肉汤和普通斜面,(36±1)℃培养 18~24 h 后进行血浆凝固酶试验。试验方法为:取 BHI 培养物 0.2~0.3 mL 与 0.5 mL 新鲜兔血浆混匀,置(36±1)℃温箱或水浴箱内,每 30 min 观察 1 次,观察 6 h,若凝固体积大于 1/2 原体积,则判为阳性。若结果可疑,则挑取普通斜面上的菌落接种于 BHI 肉汤,(36±1)℃培养 18~48 h 后进行重复试验。也可用商品化试剂,按说明书进行血浆凝固酶试验。平板上的可疑菌落同时进行革兰染色镜检。

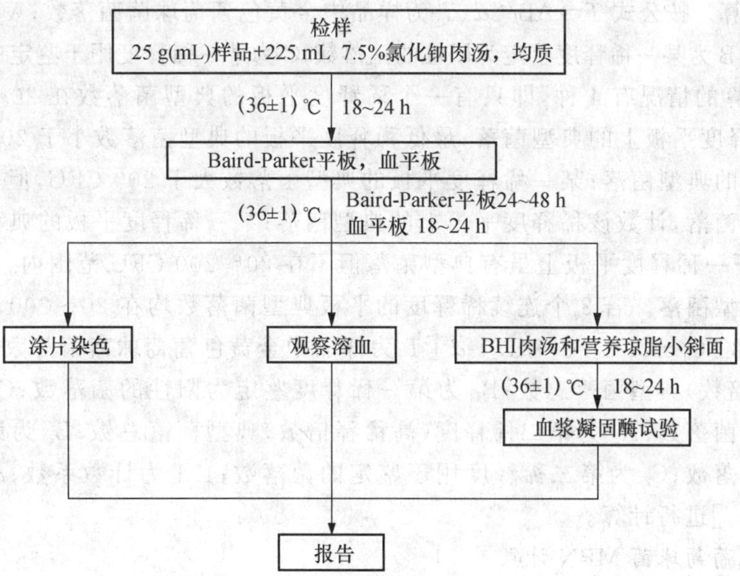

图 4-5 金黄色葡萄球菌定性检验程序（源自 GB 4789.10—2016）

2. 金黄色葡萄球菌平板计数

该法适用于金黄色葡萄球菌含量较高的动物产品，检验程序见图 4-6，检验方法如下。

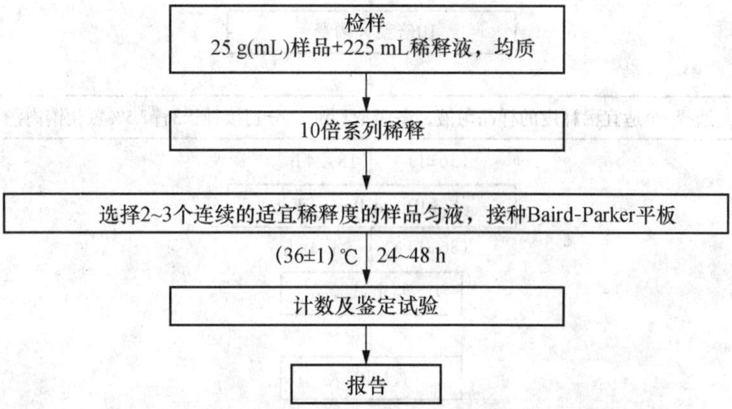

图 4-6 金黄色葡萄球菌的平板计数法检验程序（源自 GB 4789.10—2016）

①样品稀释。以磷酸盐缓冲液或生理盐水作为稀释液，取样品 25 g(mL)样品制成 1∶10 的匀液，然后取出 1 mL 匀液进行 10 倍递进稀释。

②样品接种与培养。选择 2～3 个适宜的稀释度，分别吸取 1 mL 稀释样以 0.3 mL、0.3 mL、0.4 mL 的接种量分别涂布于 3 块 Baird-Parker 平板表面，待样液被吸收后，倒置平板于(36±1)℃培养 24～48 h。

③典型菌落计数和确认。选择有典型金黄色葡萄球菌菌落的平板，且同一稀释度 3 块平板所有菌落合计在 20～200 CFU 之间的平板，计数典型菌落。选择 5 个以上典型菌落进行染色镜检和血浆凝固酶试验，同时划线接种血平板(36±1)℃培养 18～24 h 后观察菌落形态。

④结果计算。按公式 $T=AB/Cd$（T 为样品中金黄色葡萄球菌菌落数；A 为某一稀释度典型菌落总数；B 为某一稀释度鉴定为阳性的菌落数；C 为某一稀释度用于鉴定的菌落数；d 为稀释因子。）计算的情况有 4 种，即只有一个稀释度平板的典型菌落数在 20～200 CFU 之间，计数该稀释度平板上的典型菌落；最低稀释度平板的典型菌落数小于 20 CFU，计数该稀释度平板上的典型菌落；某一稀释度平板的典型菌落数大于 200 CFU，但下一稀释度平板上没有典型菌落，计数该稀释度平板上的典型菌落；某一稀释度平板的典型菌落数大于 200 CFU，而下一稀释度平板上虽有典型菌落但不在 20～200 CFU 范围内，应计数该稀释度平板上的典型菌落。若 2 个连续稀释度的平板典型菌落数均在 20～200 CFU 之间，按公式 $T=(A_1B_1/C_1 \pm A_2B_2/C_2)/1.1\,d$［$T$ 为样品中金黄色葡萄球菌菌落数；A_1 为第一稀释度（低稀释倍数）典型菌落总数；B_1 为第一稀释度鉴定为阳性的菌落数；C_1 为第一稀释度用于鉴定的菌落数；A_2 为第二稀释度（高稀释倍数）典型菌落总数；B_2 为第二稀释度鉴定为阳性的菌落数；C_2 为第二稀释度用于鉴定的菌落数；1.1 为计数系数；d 为稀释因子（第一稀释度）。］进行计算。

3. 金黄色葡萄球菌 MPN 计数

该法适用于金黄色葡萄球菌含量较低的动物产品，检验程序见图 4-7，检验方法如下。

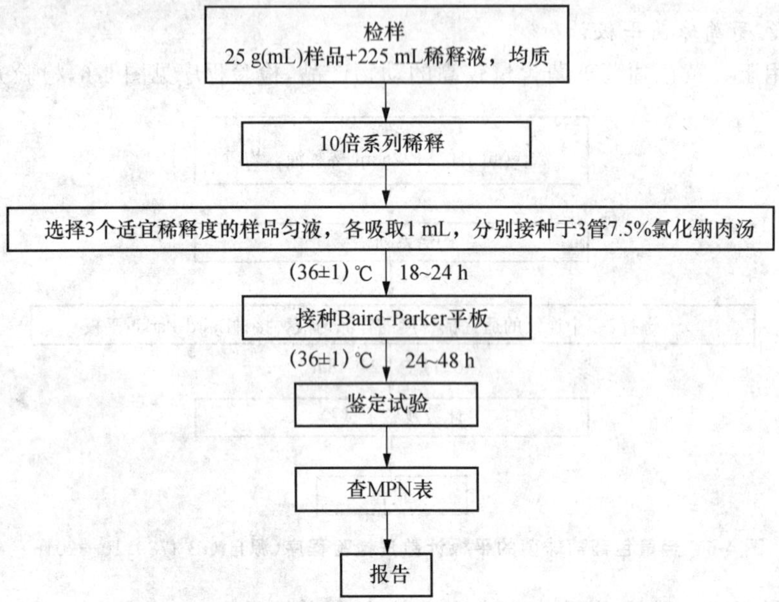

图 4-7　金黄色葡萄球菌 MPN 计数法检验程序（源自 GB 4789.10—2016）

①样品稀释。同平板计数法。

②样品接种与培养。选择 3 个适宜稀释度，分别取 1 mL 样液接种至 7.5% 氯化钠肉汤管，每个稀释度接种 3 管，(36±1)℃培养 18～24 h。然后从各肉汤管分别取培养物 1 环，移种于 Baird-Parker 平板，(36±1)℃培养 24～48 h。

③典型菌落确认。从平板上挑取 5 个以上可疑菌落进行染色镜检和血浆凝固酶试验，同时划线接种血平板(36±1)℃培养 18～24 h 后观察菌落形态。

④结果检索。根据证实为金黄色葡萄球菌阳性的试管数，查 MPN 检索表（表 4-10），得出每克（毫升）样品中金黄色葡萄球菌的最可能数，以 MPN/g(mL) 表示。

表 4-10　1 g(mL)样品中细菌最可能数(MPN)检索表

阳性管数			MPN	95%置信区间		阳性管数			MPN	95%置信区间	
0.10	0.01	0.001		下限	上限	0.10	0.01	0.001		下限	上限
0	0	0	<3.0	—	9.5	2	2	0	21	4.5	42
0	0	1	3.0	0.15	9.6	2	2	1	28	8.7	94
0	1	0	3.0	0.15	11	2	2	2	35	8.7	94
0	1	1	6.1	1.2	18	2	3	0	29	8.7	94
0	2	0	6.2	1.2	18	2	3	1	36	8.7	94
0	3	0	9.4	3.6	38	3	0	0	23	4.6	94
1	0	0	3.6	0.17	18	3	0	1	38	8.7	110
1	0	1	7.2	1.3	18	3	0	2	64	17	180
1	0	2	11	3.6	38	3	1	0	43	9	180
1	1	0	7.4	1.3	20	3	1	1	75	17	200
1	1	1	11	3.6	38	3	1	2	120	37	420
1	2	0	11	3.6	42	3	1	3	160	40	420
1	2	1	15	4.5	42	3	2	0	93	18	420
1	3	0	16	4.5	42	3	2	1	150	37	420
2	0	0	9.2	1.4	38	3	2	2	210	40	430
2	0	1	14	3.6	42	3	2	3	290	90	1 000
2	0	2	20	4.5	42	3	3	0	240	42	1 000
2	1	0	15	3.7	42	3	3	1	460	90	2 000
2	1	1	20	4.5	42	3	3	2	1 100	180	4100
2	1	2	27	8.7	94	3	3	3	>1 100	420	—

注：本表采用稀释度为 0.1 g(mL)、0.01 g(mL)、0.001 g(mL)，每个稀释度接种 3 管；表内所列检样量如改用 1 g(mL)、0.1 g(mL)、0.01 g(mL)，表内数字应相应降低 10 倍；如改用 0.01 g(mL)、0.001 g(mL)、0.000 1 g(mL)，则表内数字应相应增高 10 倍，其余类推。

(二)其他检验方法

动物产品中金黄色葡萄球菌的计数还可以使用商品化试剂盒进行。由 3M 公司生产的试剂盒由金黄色葡萄球菌测试片和确认反应片组成，测试片含有冷水可溶性凝胶和改良 Baird-Parker 培养基，确认反应片含有 DNA 和显色剂。测试片上长出的紫红色菌落为金黄色葡萄球菌，若出现其他颜色菌落，则必须使用确认反应片。金黄色葡萄球菌产生的耐热脱氧核糖核酸酶能够分解 DNA，因显色剂的作用，菌落周围会形成粉红色晕圈。

试剂盒快速计数金黄色葡萄球菌的操作方法详见(SN/T 4576—2017)。将 25 g(mL)样品制成 1∶10 匀液后再进行 10 倍递进稀释。选择 2～3 个适宜的连续稀释度，每个稀释度接种 2 张测试片，分别吸取 1 mL 稀释样滴加于测试片中央，使用压板使样液均匀覆盖于圆形的培养面积上，静置 1 min 后，将测试片置(36±1)℃培养(24±2) h。若测试片上没有菌落生长或菌落全部是紫红色，则直接计数；若测试片上出现黑色、蓝绿色菌落或紫红色菌落不明显，则在测试片的培养范围内放入确认反应片，压紧后于(36±1)℃培养 1～3 h，计数有粉红色晕圈的菌落。选择菌落数在 15～150 之间的测试片计数金黄色葡萄球菌菌落，计算并报告结果。该法检验程序见图 4-8。

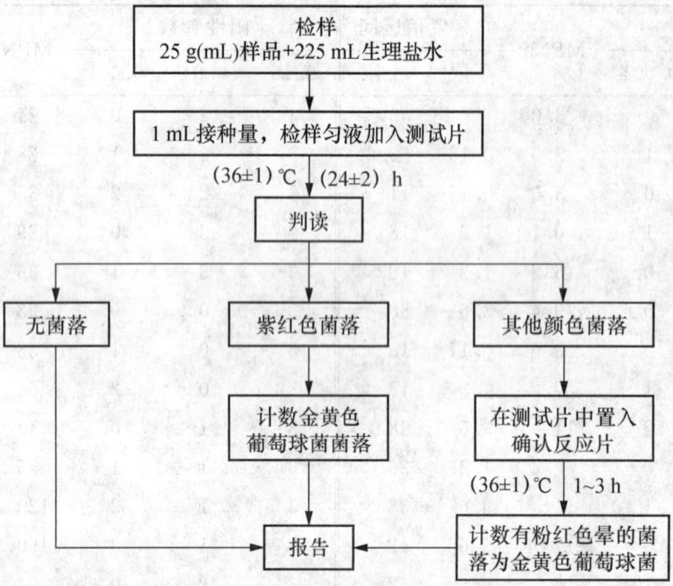

图 4-8　金黄色葡萄球菌的凝胶测试片快速计数法检验程序(源自 SN/T 4546—2017)

第四节　志贺氏菌属检验

志贺氏菌属(*Shigella*)属于肠杆菌科,是引起人细菌性痢疾最常见的病原菌,俗称痢疾杆菌。

按 O 抗原差异,可将本属细菌分为 4 个群 40 多个血清型(包括亚型)(表 4-11),A 群为痢疾志贺氏菌(*S. dysenteriae*),B 群为福氏志贺氏菌(*S. flexneri*),C 群为鲍氏志贺氏菌(*S. boydii*)、D 群为宋氏志贺氏菌(*S. sonnei*),4 个群均可引起痢疾。痢疾志贺氏菌 1 型和 2 型引起的腹泻最为严重,福氏志贺氏菌和鲍氏志贺氏菌引起的腹泻可分为轻型或重型,宋氏志贺氏菌只引起轻型腹泻。

表 4-11　志贺氏菌属的分类

血清群	血清型	亚型
A 群(痢疾志贺氏菌)	A1-10	8a,8b,8c
B 群(福氏志贺氏菌)	B1-6,X,Y 变型	1a,1b,2a,2b,3a,3b,3c,4a,4b,5a,5b
C 群(鲍氏志贺氏菌)	C1-18	
D 群(宋氏志贺氏菌)	D1	

有关资料表明,在发达国家以宋氏志贺氏菌为主,我国以福氏志贺氏菌和宋氏志贺氏菌流行较为多见。引起人食物中毒或感染的主要是对环境抵抗力较强的宋氏志贺氏菌。

一、志贺氏菌属生物学特性

(一)形态与染色

本菌属细菌形态与其他肠道杆菌相似,大小为(0.5～0.7) μm×(2～3) μm,无芽孢,有菌毛,部分菌株有荚膜,有鞭毛(在低浓度半固体培养基上有微弱动力)。革兰染色呈阴性。

(二)生化与培养特性

本菌属均发酵葡萄糖,产酸不产气,不发酵乳糖和蔗糖,不产生硫化氢,甲基红阳性,V-P试验阴性,氧化酶阴性,不能利用丙二酸盐,不液化明胶,氰化钾能抑制其生长,其他基本生化特性见表 4-12。

表 4-12　志贺氏菌属 4 个群的基本生化特征

生化反应	痢疾志贺氏菌	福氏志贺氏菌	鲍氏志贺氏菌	宋氏志贺氏菌
β-半乳糖苷酶	—[a]	—	—[a]	+
尿素	—	—	—	—
赖氨酸脱羧酶	—	—	—	—
鸟氨酸脱羧酶	—	—	—[b]	+
水杨苷	—	—	—	—
七叶苷	—	—	—	—
靛基质	—/+	(+)	—/+	—
甘露醇	—	+[c]	+	+
棉籽糖	—	+	—	+
甘油	(+)	—	(+)	d

注:+阳性;—阴性;—/+多数阴性;(+)迟缓阳性;d 有不同生化型。[a]痢疾志贺氏菌 1 型和鲍氏志贺氏菌 13 型为阳性;[b]鲍氏志贺氏菌 13 型为阳性;[c] 福氏志贺氏菌;4 型和 6 型常见甘露醇变种。

本菌属为兼性厌氧菌,对营养要求不高。普通平板上 37℃培养 18～24 h,形成圆形、微凸、湿润、边缘整齐、无色半透明的光滑型菌落,直径约 2 mm。宋氏志贺氏菌菌落一般较大,不很透明,并常出现扁平粗糙的菌落。在选择性琼脂平板上的菌落特征见表 4-13。

表 4-13　志贺氏菌属在选择性平板上的菌落特征

选择性平板	菌落特征
麦康凯(MAC)平板	无色至浅粉红色、半透明、光滑、湿润、圆形、边缘整齐或不齐
木糖赖氨酸脱氧胆盐(XLD)平板	无色至粉红色、半透明、光滑、湿润、圆形、边缘整齐或不齐
志贺氏菌显色培养基	与显色培养基说明相符(如在环凯显色培养基上形成白色至粉红色菌落,直径 1～3 mm,周围培养基呈紫色)

(三)抗原构造

志贺氏菌属细菌含有菌体(O)抗原和表面(K)抗原。

1. O 抗原

O 抗原是志贺氏菌属的主要抗原,是分类的依据(表 4-12),包括群特异性抗原和型特异性抗原 2 种。群特异性抗原是光滑型菌株的次要抗原，特异性低，是志贺氏菌属血清群划分的依据。型特异性抗原是光滑型菌株所含的重要抗原，化学成分为多糖，可用于鉴别各菌株的型别。福氏志贺氏菌各血清型之间有交叉反应，鲍氏志贺氏菌各血清型间无交叉反应。宋氏志贺氏菌有Ⅰ相和Ⅱ相两个交叉变异相，Ⅰ相呈 S 型菌落，Ⅱ相为 R 型菌落。志贺氏菌属与埃希菌属的 O 抗原关系非常密切。有近半数的菌型与埃希菌的 O 抗原完全相同。

2. K 抗原

新分离的某些菌株菌体表面含有 K 抗原。K 抗原不耐热，100℃加热 1 h 即被破坏。具有 K 抗原的菌株菌落一般较大，较为浑浊，具有 O 不凝集性；没有 K 抗原的菌落则较小，较为透明。

二、志贺氏菌属公共卫生

（一）流行病学

人对志贺氏菌高度敏感，尤其是儿童，10～200 个细菌进入人体就可致病。志贺氏菌痢疾患者和带菌者是主要传染源，特别是餐饮从业人员和保育员中的带菌者，潜在的危险性更大。引起中毒的动物性食品以熟肉制品为主，受到污染的食物在适宜温度下存放较长时间，细菌会大量繁殖。

志贺氏菌食物中毒的主要流行特征为发病突然、涉及面广，可呈散发或家庭多例感染，在学校等集体用餐单位常表现集体性中毒，在卫生状况不好的地区和国家会引起暴发和流行。中毒事件以夏、秋季节多见。

（二）致病机理

志贺氏菌致病的先决条件是细菌必须进入肠上皮细胞。在肠腔内，细菌借助菌毛黏附于回肠末端与结肠黏膜的上皮细胞，随后进入细胞内生长繁殖，同时向邻近的细胞和固有层扩散形成感染灶，引起炎症反应。

志贺氏菌具有强烈的内毒素，作用于肠黏膜能使其通透性增高，进一步促进对内毒素的吸收，引起发热，神志障碍，甚至中毒性休克等一系列症状。内毒素可导致细胞死亡脱落，并形成局部溃疡，呈现黏液脓血便。内毒素还能作用于肠壁植物神经系统，使肠功能发生紊乱，肠蠕动失调和痉挛，尤其是直肠括约肌痉挛最明显，因而出现腹痛、里急后重等症状。

痢疾志贺氏菌 1 型和 2 型能产生志贺毒素（STx）。STx 具有肠毒性、细胞毒性和神经毒性。STx 和内毒素具有协同作用，可加重对人血管内皮细胞的损伤。

（三）临床症状

志贺氏菌食物中毒或感染，潜伏期一般为 1～3 d。患者表现发热，腹痛，里急后重，腹泻，粪便呈水样或带黏液、血液，严重者出现痉挛和休克。

三、志贺氏菌属检验方法

国家标准(GB 4789.5—2012)中,志贺氏菌的检验方法如下,检验程序见图4-9。

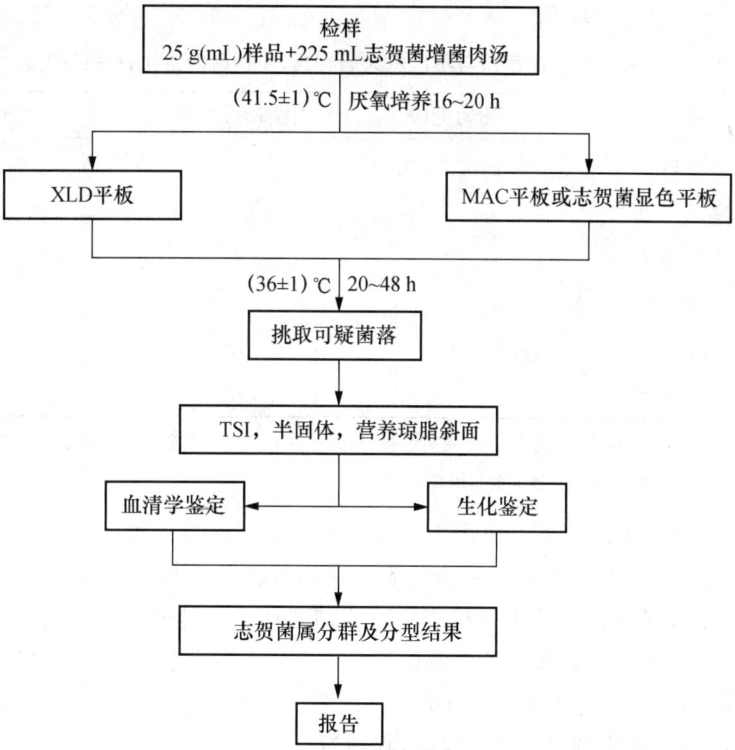

图 4-9 志贺氏菌的常规生化法检验程序(源自 GB 4789.5—2012)

(1)增菌。取25 g(mL)检样加入225 mL志贺氏菌增菌肉汤中,均质化后,于(41.5±1)℃厌氧培养6～8 h。

(2)分离。取增菌培养物分别划线接种于XLD平板,和MAC平板或志贺氏菌显色平板,于(36±1)℃培养20～24 h,观察平板上的菌落特征。若出现的菌落不典型或菌落较小不易观察,则继续培养至48 h再观察。

(3)初步生化试验。自选择性平板上分别挑取2个以上可疑菌落,分别接种三糖铁(TSI)培养基、半固体培养基和普通斜面培养基各1管,于(36±1)℃培养20～24 h,分别观察结果。

(4)生化试验。凡TSI斜面不变色、底层呈黄色、不产气或少量产气,同时在半固体培养基中沿穿刺线生长的菌株,挑取其在普通斜面上生长的菌苔,进行生化试验,即β-半乳糖苷酶、尿素、赖氨酸脱羧酶、鸟氨酸脱羧酶、水杨苷和七叶苷试验。另外,由于福氏志贺氏菌13型的生化特性和痢疾志贺氏菌或鲍氏志贺氏菌相似,必要时需加做靛基质、甘露醇、棉籽糖和甘油试验,也可做革兰染色检查和氧化酶试验。按表4-13判定生化反应结果,生化反应不符合的菌株,即使能与某种志贺氏菌分型血清发生凝集,也不得判定为志贺氏菌属。

(5)附加生化试验。由于某些不产气大肠杆菌(*anaerogenic E. coli*)、碱性-异型(A-D)菌的部分生化特性与志贺氏菌相似,并能与志贺氏菌分型血清发生凝集,因此前面生化试验符合志贺氏菌属生化特性的培养物还需加葡萄糖胺、西蒙氏柠檬酸盐、黏液酸盐试验(36℃培养 24～48 h)。志贺氏菌属与不产气大肠杆菌、A-D 菌的生化特性区别见表 4-14。

表 4-14　志贺氏菌属与不产气大肠杆菌、A-D 菌的生化特性区别

生化反应	葡萄糖胺	西蒙氏柠檬酸盐	黏液酸盐
A 群:痢疾志贺氏菌	—	—	—
B 群:福氏志贺氏菌	—	—	—
C 群:鲍氏志贺氏菌	—	—	—
D 群:宋氏志贺氏菌	—	—	d
不产气大肠杆菌	+	d	+
A-D 菌	+	d	d

注:①+阳性;—阴性;d 有不同生化型。②在葡萄糖胺、西蒙氏柠檬酸盐、黏液酸盐试验 3 项反应中,志贺氏菌一般为阴性,而不产气大肠杆菌、A-D 菌至少有 1 项为阳性。

生化试验、附加生化试验也可使用生化鉴定试剂盒或全自动微生物鉴定系统进行。

(6)血清学鉴定。挑取生化反应符合志贺氏菌属特征的菌株,采用玻片凝集试验,进行 O 抗原鉴定。用志贺氏菌多价血清进行检查。若待测菌在生理盐水中出现自凝,则挑选同一培养基上的其他菌落继续进行试验。若待测菌与多价血清不发生凝集,可挑取菌苔于 1 mL 生理盐水中制成浓菌液,煮沸去除 K 抗原(宋氏志贺氏菌没有 K 抗原)后再检查。待测菌与志贺氏菌多价血清发生凝集,在生理盐水中不自凝,则判为阳性。

志贺氏菌多价血清凝集阳性者血清学分型,用相应各群多价血清分别鉴定。先用 B 群福氏志贺氏菌多价血清进行实验,如出现凝集,再用其群和型因子血清分别检查。如果 B 群多价血清不凝集,则用 D 群宋氏志贺氏菌血清进行实验,如出现凝集,则再用其Ⅰ相和Ⅱ相血清检查。如果上述 3 种多价血清都不凝集,可用 C 群鲍氏志贺氏菌多价血清检查,并进一步用 1～18 各型因子血清检查。福氏志贺氏菌各型和亚型的型抗原和群抗原鉴别见表 4-15。

表 4-15　福氏志贺氏菌各型和亚型的型抗原和群抗原鉴别表

型和亚型	型抗原	群抗原	在群因子血清中凝集		
			3,4	6	7,8
1a	Ⅰ	4	+	—	—
1b	Ⅰ	(4),6	(+)	+	—
2a	Ⅱ	3,4	+	—	—
2b	Ⅱ	7,8	—	—	+
3a	Ⅲ	(3,4),6,7,8	(+)	+	+
3b	Ⅲ	(3,4),6	(+)	+	—
4a	Ⅳ	3,4	+	—	—

续表 4-15

型和亚型	型抗原	群抗原	在群因子血清中凝集		
			3,4	6	7,8
4b	Ⅳ	6	−	+	−
4c	Ⅳ	7,8	−	−	+
5a	Ⅴ	(3,4)	(+)	−	−
5b	Ⅴ	7,8	−	−	+
6	Ⅵ	4	+	−	−
X 变型	−	7,8	−	−	+
Y 变型	−	3,4	+	−	−

注：+表示凝集，−表示不凝集，()表示有或无。

第五节　链球菌检验

链球菌是常见的引起人和动物化脓性疾病的球菌，归属于链球菌科链球菌属（*Streptococcus*）。和食品卫生有关的溶血性链球菌并不是指某一个具体的种，而是一群能够在血平板上呈现 β 溶血的链球菌的统称。原归于链球菌属的与人食物中毒有关的粪链球菌（粪肠球菌）、屎链球菌（屎肠球菌）根据最新分类原则已划归为肠球菌属。

根据兰氏(lancefield)分类法，链球菌具有 A 至 V(缺 I、J)20 个血清群，能引起人食物中毒的溶血性链球菌主要是 A 群链球菌，此外还有 B 群、E 群和 R 群链球菌。

猪链球菌是一群寄生于猪，能引起猪败血症、脑膜炎等病症的链球菌，包括 35 个血清型。其中以属于 R 群链球菌的猪链球菌 2 型毒力最强且最为常见，能引起人细菌性脑炎或中毒样休克综合征。

一、链球菌生物学特性

(一)形态与染色特性

链球菌呈圆形或卵圆形，直径为 0.5～1.0 μm，常呈链状排列。链的长短与细菌种类及生长环境有关，一般致病性链球菌的菌链较长，非致病性或毒力弱的菌株链较短；在液体培养基中易呈长链，在固体培养基中常呈短链。本菌属不形成芽孢，无鞭毛，部分菌株有菌毛，幼龄菌多数可形成荚膜。革兰染色呈阳性。

(二)生化与培养特性

链球菌属触酶反应阴性，均能分解葡萄糖产酸不产气，对乳糖、甘露醇、水杨苷、山梨醇、蕈糖、七叶苷、棉籽糖的分解能力因菌株不同而异。多数 A 群链球菌可分解肝糖原和淀粉，约有 97%的 A 群链球菌被杆菌肽抑制。本菌属一般不分解菊糖，不被胆汁或 10%胆盐所溶解。

链球菌为需氧或兼性厌氧菌，在普通培养基上生长不良，需补充血清或血液等才能良好生长，最适生长温度为37℃。

链球菌在血清肉汤中通常呈颗粒状生长，大多沉于管底，生长状况与链的长短有关。溶血性菌株易成长链，管底呈絮状或颗粒状沉淀，液体清亮。在血平板上于37℃培养18～24 h，形成灰白色、半透明的露珠状小菌落，直径0.5～0.75 mm，因菌株不同呈现3种溶血现象，即α溶血（不完全溶血）、β溶血（完全溶血）和γ溶血（不溶血）。溶血性链球菌呈β溶血，菌落周围形成透明溶血环，在哥伦比亚（CNA）血平板上菌落直径可达2～3 mm。猪链球菌2型在血平板上呈β溶血。

（三）抗原构造

链球菌抗原可分为核蛋白抗原、群特异性抗原和型特异性抗原3种。

1. 核蛋白抗原

核蛋白抗原是由核蛋白、黏蛋白及其他蛋白组成的复合物，又称P抗原。各种链球菌的P抗原都是一致的，并且与葡萄球菌的核蛋白抗原有交叉反应。

2. 群特异性抗原

群特异性抗原是存在于链球菌细胞壁中的多糖成分，又称C抗原。C抗原是兰氏分类的依据，根据其差异性，可将链球菌分为20个血清群。

3. 型特异性抗原

型特异性抗原是链球菌细胞壁的蛋白质抗原，位于C抗原的外层，又称表面蛋白抗原。表面蛋白抗原可分为M、T、R、S 4种，是同族（群）链球菌分型的依据。M抗原主要见于A群链球菌，与致病性有关，根据其差异性可将A群链球菌分为60多个血清型。

二、链球菌公共卫生

（一）流行病学

溶血性链球菌在自然界分布广泛，水、空气、尘埃、人和动物皮肤病灶和健康人的鼻咽部均有存在。上呼吸道感染患者、人畜化脓性感染部位常成为食品污染的来源。引起食源性感染或中毒的动物产品主要是畜禽内脏、熟肉类（如猪头肉）、乳类和水产品。被污染的食品烹调灭菌不彻底，食用前在高温（20～40℃）环境中放置较长时间，就有可能引起食物中毒。链球菌食物中毒多发生在5～11月。

猪链球菌2型食源性感染主要有2种形式，一是食用了未完全煮熟的病猪肉或内脏，二是厨具交叉污染，即在刚切过生猪肉的菜板上制作凉菜。

（二）致病机理

由于溶血性链球菌引起食物中毒的结果常不能重复稳定出现，故对其中毒机制无确切定论，从细菌常可产生多种酶类和外毒素来看，可能为感染性食物中毒。致病性链球菌产生的溶血素有溶解红细胞、杀死白细胞以及毒害心脏的作用，链道酶、链激酶、透明质酸酶等胞外酶类能够溶解和破坏机体组织，有利于细菌在体内扩散。红疹毒素可导致皮肤红疹。此外链球菌某些菌体成分，如M蛋白可导致机体发生Ⅱ型和Ⅲ型超敏反应，从而引发相关症状。

(三)临床症状

溶血性链球菌食物中毒潜伏期通常为1～3 d,多表现为发热,咽喉、扁桃体肿痛,有的咽部出现白斑,恶心,呕吐,头痛,全身不适和流涕,这些症状可在4 d内消失。初期感染2～3周后,部分病人可能发展为猩红热,症状包括皮疹和风湿热,后者可损害心脏和身体其他部位,引起严重病症甚至死亡。

人感染猪链球菌Ⅱ型后,短的数小时即可发病,长的需数天,表现发热、头痛、畏寒、食欲下降等一般性症状,部分患者有恶心、呕吐、腹痛、腹泻等表现,重症患者可合并中毒性休克综合征和链球菌脑膜炎综合征。

三、链球菌检验方法

(一)国家标准检验方法

国家标准(GB 4789.11—2014)针对β溶血性链球菌的检验主要包括增菌、分离、鉴定3个步骤,检验程序见图4-10。

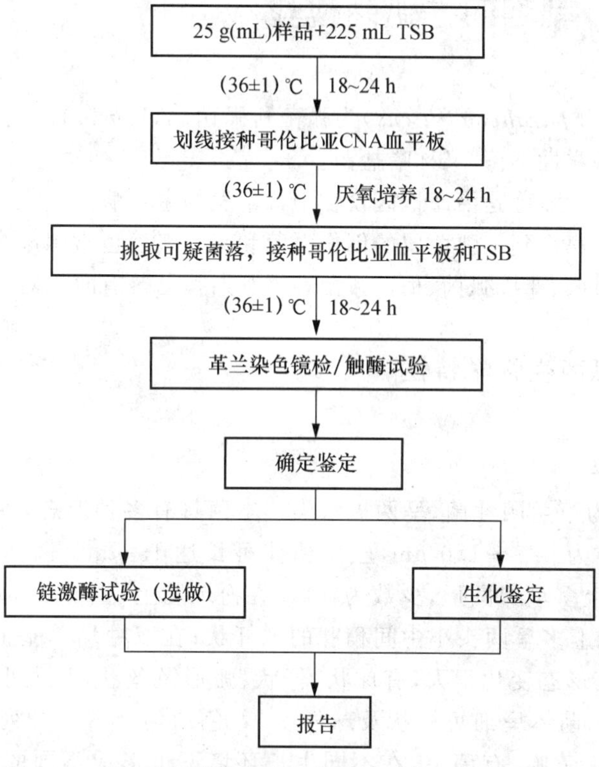

图4-10 溶血性链球菌检验程序(源自GB 4789.11—2014)

1. 增菌

取检样25 g(mL)加入225 mL胰蛋白胨大豆肉汤(TSB),匀质化后于(36±1)℃培养18～24 h。

2. 分离

取增菌培养物划线接种哥伦比亚CNA血平板,(36±1)℃厌氧培养18～24 h。

3. 鉴定

挑取5个可疑菌落分别接种哥伦比亚血平板和TSB增菌液进行纯培养，(36±1)℃培养18～24 h后，挑取可疑菌落做革兰染色镜检和触酶试验，同时用生化鉴定试剂盒进行生化鉴定。

必要时选做链激酶试验，方法为：取草酸钾血浆0.2 mL与灭菌生理盐水0.8 mL混匀，再加待测菌株纯培养物0.5 mL及0.25%氯化钙溶液0.25 mL，摇匀后置(36±1)℃水浴10 min，血浆混合物自行凝固，然后观察凝固物重新完全溶解的时间，完全溶解为阳性，如24 h后不溶解即为阴性。溶血性链球菌产生的链激酶(即溶纤维蛋白酶)能激活正常人体血液中的血浆蛋白酶原转变为血浆蛋白酶，从而溶解纤维蛋白。

(二)其他检验方法

环介导恒温扩增(LAMP)技术可用于溶血性链球菌的检验。该法针对特有的靶序列*ska*基因设计引物进行序列扩增，对于阳性结果再结合传统的生化鉴定法进行确认。猪链球菌2型可通过荧光PCR扩增其荚膜抗原2J(*cps 2J*)基因进行快速检测。

第六节　副溶血性弧菌检验

副溶血性弧菌(*V. parahemolyticus*)为弧菌科弧菌属(*Vibrio*)成员，是一种主要存在于海水和海产品中的海洋性细菌，又称嗜盐菌。

致病性的副溶血性弧菌是沿海地区食物中毒暴发的主要病原菌，于1953年从日本一个食物中毒患者初次分离得到。弧菌属的创伤弧菌和霍乱弧菌也常引起食物中毒；此外，溶藻弧菌、拟态弧菌、河弧菌、弗氏弧菌、梅氏弧菌和霍利斯弧菌等有时也对人致病。

一、副溶血性弧菌生物学特性

(一)形态与染色

副溶血性弧菌为革兰阴性菌，呈两极浓染。本菌具有多种形态，主要有球状、球杆状、卵圆形和丝状，大小为0.7～1.0 μm，丝状菌体可长达15 μm。菌体形态与生长环境有关，在SS琼脂培养上多呈卵圆形，少数为杆状；在血琼脂上，主要呈卵圆形，少数为球杆状或丝状；在高盐琼脂上多呈两头小中间稍胖的球杆状；在双糖培养基上，培养24 h菌体形态相似，48 h以后其形态变化很大，有球状、杆状、弧形及丝状，且大小相差悬殊。鲜血琼脂厌氧培养48 h后，菌体呈细短杆状及球杆状，着色均匀。本菌排列不规则，多数散在，有时成对，无芽孢，无荚膜，有菌毛，在不同生长环境下可形成不同的鞭毛。在37℃肉汤培养时，菌体一端产生单鞭毛；在半固体或营养琼脂上可出现2种情况，一种是周生鞭毛，卷曲、较细、脆弱易折断；另一种为极生，可在一端或两端，较粗，呈波浪状。

(二)生化与培养特性

副溶血性弧菌可分解葡萄糖、麦芽糖、甘露醇、淀粉等多种糖类，产酸不产气，其基本生化特性见表4-16。

表 4-16　副溶血性弧菌的基本生化特征

项目	特性	项目	特性
氧化酶	＋	ONPG	－
蔗糖	－	鸟氨酸脱羧酶	＋
葡萄糖	＋	精氨酸双水解酶	－
甘露醇	＋	靛基质	＋
乳糖	－	液化明胶	＋
硫化氢	－	MR	＋
赖氨酸脱羧酶	＋	V-P	－

注：＋阳性；－阴性。

副溶血性弧菌为需氧或兼性厌氧菌，在厌氧环境中生长较慢，对营养要求不高。本菌嗜盐畏酸，在含3％氯化钠溶液培养基中生长最好，当盐浓度高于8％或低于0.5％则不生长；pH 6～9.5能生长，而最适pH为7.4～8.0，最适生长温度为30～37℃。本菌在液体培养基中生长，呈现混浊，多数形成菌膜，R型菌发生沉淀。在固体培养基上，形成的菌落特征见表4-17。

副溶血性弧菌与海水中的溶藻性弧菌和其他弧菌部分生化特性相似，应注意进行鉴别（表4-18）。

表 4-17　副溶血性弧菌在不同琼脂平板上的生长特征

固体培养基	菌落特征
3％氯化钠胰蛋白胨大豆平板	菌落呈灰白色，圆形，边缘不整齐，隆起，稍混浊，不透明，表面光滑湿润。
我妻氏血平板	多数致病菌株菌落周围有透明溶血环。
硫代硫酸盐-柠檬酸盐-胆盐-蔗糖（TCBS）平板	菌落呈绿色，圆形，半透明，表面光滑，直径2～3 mm；用接种环轻触，有类似口香糖的质感。
弧菌显色平板	菌落特征与说明相符（如在环凯显色培养基上形成紫红色菌落）。

表 4-18　副溶血性弧菌与其他弧菌的生化性状比较

比较项目	副溶血性弧菌	创伤弧菌	溶藻弧菌	霍乱弧菌	拟态弧菌	河弧菌	弗氏弧菌	梅氏弧菌	霍利斯弧菌
氧化酶	＋	＋	＋	＋	＋	＋	＋	－	＋
赖氨酸	＋	＋	＋	＋	＋	－	－	＋	－
精氨酸	－	－	－	－	－	＋	＋	＋	－
鸟氨酸	＋	＋	＋	＋	＋	－	－	－	－
明胶	＋	＋	＋	＋	＋	＋	＋	＋	－
脲酶	V	－	－	－	－	－	－	－	－
V-P	－	－	＋	V	－	－	－	＋	－

续表 4-18

比较项目		副溶血性弧菌	创伤弧菌	溶藻弧菌	霍乱弧菌	拟态弧菌	河弧菌	弗氏弧菌	梅氏弧菌	霍利斯弧菌
42℃生长		+	+	+	+	+	V	−	V	nd
蔗糖		−	−	+	+	−	+	+	+	−
D-纤维二糖		V	+	−	−	−	+	−	−	−
乳糖		−	+	−	−	−	−	−	−	−
阿拉伯糖		+	−	−	−	−	+	+	−	+
D-甘露糖		+	+	+	+	+	+	+	+	+
D-甘露醇		+	V	+	+	+	+	+	+	−
ONPG		−	+	−	+	+	+	+	+	−
嗜盐性试验氯化钠含量/%	0	−	−	−	+	+	−	−	−	−
	3	+	+	+	+	+	+	+	+	+
	6	+	+	+	−	−	+	+	+	+
	8	+	−	+	−	−	V	+	V	−
	10	−	−	+	−	−	−	−	−	−

注：＋表示阳性；－表示阴性；V 表示可变；nd 表示未试验。

(三)抗原构造

副溶血性弧菌有 3 种抗原，即菌体(O)抗原、荚膜(K)抗原及鞭毛(H)抗原。其中，耐热的 O 抗原和不耐热的 K 抗原是本菌血清学鉴定的基础。目前已知 O 抗原有 13 个群，K 抗原约有 70 种(表 4-19)。K 抗原可阻止菌体与抗 O 血清发生凝集。

表 4-19　副溶血性弧菌的抗原

O 群	K 型
1	1,5,20,25,26,32,38,41,56,58,60,64,69
2	3,28
3	4,5,6,7,25,29,30,31,33,37,43,45,48,54,56,57,58,59,72,75
4	4,8,9,10,11,12,13,34,42,49,53,55,63,67,68,73
5	15,17,30,47,60,61,68
6	18,46
7	19
8	20,21,22,39,41,70,74
9	23,44
10	24,71
11	19,36,40,46,50,51,61
12	19,52,61,66
13	65

二、副溶血性弧菌公共卫生

(一)流行病学

副溶血性弧菌广泛存在于近海岸的海水、海底沉积物和鱼类、虾类、贝类等海产品中,淡水鱼中也有本菌的存在,此外还存在于咸菜、肉类、禽类和蔬菜等产品中,且腌制品污染约占半数。

副溶血性弧菌食物中毒主要是由于生食含菌海产品或食用未煮熟的含菌海产品所致,通常发生于沿海地区。中毒一般多发于5~11月,高峰季节在7~9月。副溶血性弧菌在海产品中的污染与食物中毒的发生季节基本一致,我国华东地区海产鱼虾带菌率夏季可高达90%以上,秋季为55%,冬春季为0~30%。副溶血性弧菌食物中毒常呈散发流行,但在夏秋季节的沿海地区则呈暴发性流行。

(二)致病机理

副溶血性弧菌多数没有致病力,仅有少数高毒力的菌株才会引起食物中毒,致病机理目前尚不十分清楚。致病性副溶血性弧菌最重要的三大毒力因子为耐热直接溶血毒素(TDH)、耐热相关溶血毒素(TRH)和尿素酶。TDH和TRH具有溶血活性和肠毒性,致病菌株可检出其中的1种或2种。TDH是一种穿孔毒素,与宿主的红细胞膜结合后,在膜表面穿孔并最终导致红细胞溶解;在肠毒性方面,TDH攻击肠道细胞导致电解质平衡紊乱或肠黏膜细胞完整性的破坏和死亡,使肠腔内的毒素和细菌进入血流。组织切片显微镜检查证明,该菌可穿过回肠上皮侵入固有层,引起炎症反应。TRH的致病机制与TDH相似,毒性与尿素酶活性有关。

(三)临床症状

副溶血性弧菌感染后,潜伏期最短仅1 h,一般在3~20 h,患者出现上腹部疼痛、水样腹泻、恶心、呕吐、发烧等典型胃肠炎反应,持续1~2 d。部分患者粪便呈脓血样或黏液血样。痢疾者,病程1~7 d不等,一般病后3~5 d痊愈,病后带菌时间不超过1周。重症患者可出现脱水和休克。

三、副溶血性弧菌检验方法

(一)国家标准检验方法

根据国家标准(GB 4789.7—2013),副溶血性弧菌的检验主要包括以下几个步骤,检验程序见图4-11。

1. 样品采集

鱼类和头足类动物取表面组织、肠或腮。贝类取全部内容物,包括贝肉和体液。甲壳类取整体或动物的中心部分,包括肠和鳃。带壳贝类或甲壳类应事先在自来水中清洗外壳并甩干表面水分。冷冻样品应在45℃和以下不超过15 min或在2~5℃在不超过18 h解冻;非冷冻样品采集后立即置7~10℃冷冰箱保存,尽可能及早检验。

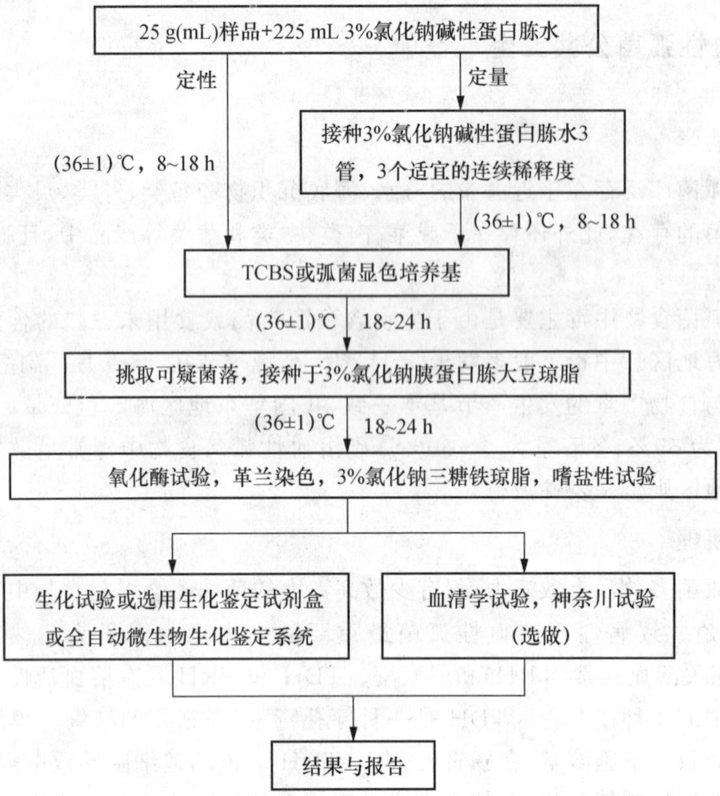

图 4-11 副溶血性弧菌检验程序(源自 GB 4789.7—2013)

2. 样品处理与增菌

取检样 25 g(mL)检样，加入 3%氯化钠碱性蛋白胨水 225 mL，制成匀液。进行定性检测时，将匀浆液直接于(36±1)℃培养 8～18 h。进行定量检测时，取样品匀浆液 1 mL，用 3%氯化钠碱性蛋白胨水进行 10 倍递进稀释，选择 3 个适宜的连续稀释度，每个稀释度接种 3 支含有 9 mL 3%氯化钠碱性蛋白胨水的试管，每管接种 1 mL，然后于(36±1)℃培养 8～18 h。

3. 分离培养与纯培养

对所有显示生长的增菌液，用接种环在距离液面以下 1 cm 内蘸取一环增菌液，于 TCBS 平板或弧菌显色平板上划线分离，一支试管划线一块平板，于(36±1)℃培养 18～24 h，观察菌落特征。挑取 3 个以上可疑菌落，划线接种 3%氯化钠胰蛋白胨大豆琼脂平板进行纯培养。

4. 初步鉴定

挑选纯培养的单个可疑菌落进行氧化酶试验，革兰染色镜检；转种 3%氯化钠 TSI 琼脂斜面并穿刺底层，(36±1)℃培养 24 h；进行嗜盐性试验，单个可疑菌落分别接种 0、6%、8% 和 10%不同氯化钠浓度的胰蛋白胨水，(36±1)℃培养 24 h，观察液体混浊情况。以上 4 项鉴定结果若与副溶血性弧菌特征相符，则进行确证鉴定。

5. 确证鉴定

取纯培养物分别接种含 3%氯化钠的甘露醇试验培养基、赖氨酸脱羧酶试验培养基、MR-VP 培养基，(36±1)℃培养 24～48 h 后观察结果；3%氯化钠 TSI 琼脂隔夜培养物进行

ONPG 试验。

生化试验可选择生化鉴定试剂盒或全自动微生物鉴定系统进行。

6. 结果与报告

根据检出的可疑菌落生化性状，报告 25 g(mL)样品中检出副溶血性弧菌。若进行定量检测，根据证实为副溶血性弧菌阳性的试管管数，查最可能数(MPN)检索表，报告每 g(mL)样品中副溶血性弧菌的 MPN 值。

国家标准中，血清学分型和神奈川试验是副溶血性弧菌检验选做项目。血清学分型主要是采用玻片凝集试验进行 O 抗原和 K 抗原鉴定。神奈川试验目的是检测副溶血性弧菌是否存在特定溶血素，从而判断菌株是否有致病性。该试验操作方法为：取待测试菌株的 3%氯化钠胰蛋白胨大豆琼脂 18 h 培养物点种于我妻氏血平板，每个平板可以环状点种几个菌，(36±1)℃培养不超过 24 h 并立即观察。有致病性的副溶血性弧菌，多数为神奈川现象阳性，但亦有少数为阴性。

(二)其他检验方法

动物产品中副溶血性弧菌还可采用环介导恒温扩增(LAMP)、多重 PCR、实时荧光 PCR 等技术进行检测。

第七节　空肠弯曲菌检验

空肠弯曲菌(*C. jejuni*)在分类上属于弯曲菌科弯曲菌属(*Campylobacter*)，是一种人畜共患病原菌，可引起人和多种动物发生多种疾病。

空肠弯曲菌还是一种重要的食源性致病菌，于 1973 年由 Dekeyser 和 Butzler 从急性肠炎患者粪便中分离到并首次确定其致病性。该菌被认为是引起全世界人类细菌性腹泻的主要原因，在人类腹泻病中的感染比例不亚于沙门氏菌和志贺氏菌，在肠道致病菌中占有很重要位置。

除空肠弯曲菌外，弯曲菌属的结肠弯曲菌、海鸥弯曲菌、乌普萨拉弯曲菌也能通过食物进入人体引起疾病。

一、空肠弯曲菌生物学特性

(一)形态与染色

空肠弯曲菌呈弧形、撇形或 S 形，经常见两菌连接为海鸥展翅状，偶尔为较长的螺旋形。幼龄时较短，大小为(0.3～0.4) μm×(1.5～3.0) μm；老龄者较长，可达 8 μm。撇形者为一端单鞭毛，S 形者可为两端单鞭毛，有活泼的动力，能做快速直线或螺旋体状运动。陈旧培养物或培养环境变化时，菌体形态易变为球形并丧失动力，超过 48 h 的培养物中以衰老的球状菌居多。本菌无芽孢、某些菌株有荚膜，革兰染色阴性。

(二)生化与培养特性

空肠弯曲菌生化反应不活泼，不发酵糖类，不分解尿素，不液化明胶，MR 试验、靛基质试验均阴性，氧化酶和触酶阳性，能产生微量或不产生硫化氢，不能利用柠檬酸盐，在弯曲菌属中马尿酸唯一呈阳性反应。

空肠弯曲菌为微嗜氧菌，在正常大气和绝对无氧环境中均不能生长，在5%氧气、10%二氧化碳和85%氮气的混合气体环境中生长最佳；生长最适温度为42℃，25℃不生长，在最适温度中培养除利于本菌生长发育外，还可抑制部分肠道杂菌的生长。

本菌对营养成分要求较高，在一般肠道细菌选择培养基上不生长，只有在含有血液、血清营养丰富的培养基上才能生长。在Bolton肉汤中生长呈均匀混浊。在血平板上初分离出现两种菌落特征，第一型菌落呈灰色，扁平，润湿，有光泽，有沿接种线向外扩散生长的倾向；第二型菌落为分散凸起的单个菌落，直径1～2 mm，边缘整齐；两种菌落周围均无溶血环。在空肠弯曲菌选择性琼脂平板上生长，菌落特征见表4-20。

表4-20　空肠弯曲菌在不同琼脂平板上的生长特征

选择性平板	生长特征
改良CCD(mCCD)平板	菌落呈淡灰色，有金属光泽，潮湿。扁平，呈扩散生长倾向。
Shirrow血平板	第一型菌落为灰色，扁平，湿润，有光泽，呈扩散生长倾向；第二型菌落呈单个分散，凸起，边缘整齐，发亮。
弯曲菌显色平板	菌落特征与说明相符(如在科玛嘉显色平板上，菌落呈红色)。

(三)抗原构造

空肠弯曲菌主要抗原有菌体(O)抗原、鞭毛(H)抗原和荚膜(K)抗原。根据耐热的可溶性O抗原，采用间接血凝试验，至少可将本菌分为45个血清型。根据不耐热的H抗原和K抗原，采用玻片凝集试验，可将本菌分为60多个血清型。

二、空肠弯曲菌公共卫生

(一)流行病学

空肠弯曲菌广泛存在于家畜家禽和野生动物体内，鸡的带菌率最高，可达60%～90%，猪带菌率约为60%。市售家畜家禽肉、奶、蛋类多被污染，如进食未经加工的或加工不当的污染产品、凉拌菜等，含菌数达到10^4个以上，就可能发生食物中毒。

空肠弯曲菌食物中毒一般呈散发，有时呈暴发流行，夏、秋两季为发病高峰季节，在农村发病率高于城市。

(二)致病机理

空肠弯曲菌的致病性主要与侵袭力和毒素有关。细菌突破胃防御屏障到达小肠后，通过表面黏附因子和鞭毛的协同作用定居于肠上皮细胞，起初位于肠绒毛隐窝处，细菌大量生长繁殖并侵入肠上皮细胞内引起炎症。黏附定居和入侵部位通常在空肠、回肠，也可蔓延到结肠。本菌产生的毒素主要包括内毒素和3种不耐热外毒素，即细胞紧张性肠毒素(CE)、细胞毒素(Cyt)和细胞致死性膨胀毒素(CDT)。

(三)临床症状

空肠弯曲菌食物中毒潜伏期一般为3～5 d，患者表现痉挛性腹痛，腹泻、血便或果酱样便;发热、头痛,病程 5～8 d。孕妇感染可导致流产、早产,而且可使新生儿受感染。

三、空肠弯曲菌检验方法

(一)国家标准检验方法

根据国家标准(GB 4789.9—2014),动物产品中空肠弯曲菌的检验主要包括以下几个步骤,检验程序见图 4-12。

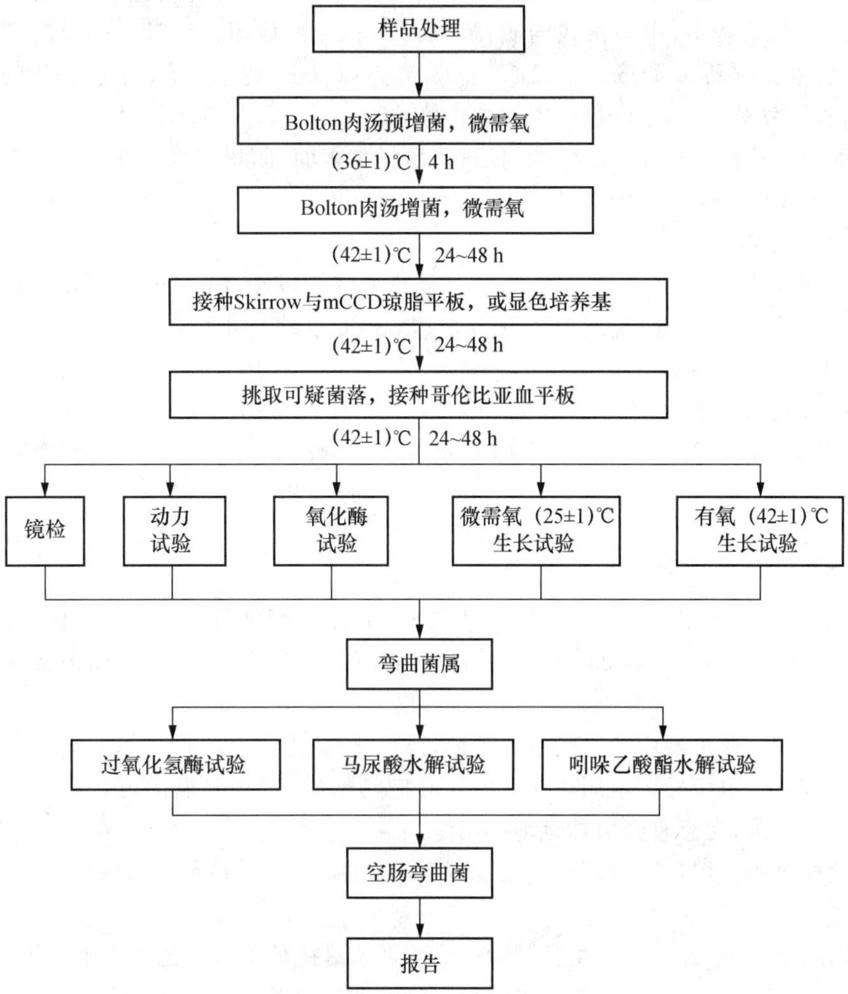

图 4-12　空肠弯曲菌检验程序(源自 GB 4789.9—2014)

1. 样品处理

一般样品:取 25 g(mL)样品(水产品为 50 g),加入盛有 225 mL Bolton 肉汤的有滤网均质袋中,用拍击式均质器均质 1～2 min,经滤网或无菌纱布过滤,取滤液进行培养。

整禽等样品:用 200 mL 0.1%蛋白胨水充分冲洗样品的内外部,并振荡 2～3 min,经无菌纱布过滤至 250 mL 离心管中,16 000 g 离心 15 min 后弃去上清,用 10 mL 0.1%蛋白胨水悬浮沉淀,吸取 3 mL 于 100 mL Bolton 肉汤中进行培养。

贝类：取至少 12 个带壳样品，去外壳后将所有内容物放入均质袋中，用拍击式均质器均质 1～2 min，取 25 g 样品置于 225 mL Bolton 肉汤中(1∶10 稀释)，充分振荡后再移取 25 mL 于 225 mL Bolton 肉汤中(1∶100 稀释)，将两个稀释度的 Bolton 肉汤同时进行培养。

蛋黄液或蛋浆：取 25 g(mL)样品于 125 mL Bolton 肉汤中混匀(1∶6 稀释)，再移取 25 mL 于 100 mL Bolton 肉汤中混匀(1∶30 稀释)，将两个稀释度的 Bolton 肉汤同时进行培养。

鲜乳、冰激凌、奶酪等：液体乳制品取 50 g；固体制品取 50 g 加入盛有 50 mL 0.1%蛋白胨水的有滤网均质袋中，用拍击式均质器均质 15～30 s，保留过滤液。必要时调整 pH 至 7.5±0.2，将液体制品 50 g 或滤液以 20 000g 离心 30 min 后弃上清，用 10 mL Bolton 肉汤悬浮沉淀，再转移至 90 mL Bolton 肉汤进行培养。

需表面涂拭检测的样品：无菌棉签擦拭待检样品表面(面积至少 100 cm^2 以上)，将棉签头剪落到 100 mL Bolton 肉汤中进行培养。

2. 预增菌与增菌

在微需氧条件下，(36±1)℃培养 4 h，如条件允许配以 100 r/min 的速度进行振荡。必要时测定增菌液的 pH 并调整到 7.4±0.2，(42±1)℃继续培养 24～48 h。

3. 分离

将 24 h 增菌液、48 h 增菌液及对应的 1∶50 稀释液分别划线接种 Skirrow 血平板与 mCCD 平板，微需氧条件下(42±1)℃培养 24～48 h。另外可选择使用空肠弯曲菌显色平板作为补充。观察 24 h 培养与 48 h 培养的平板上的菌落特征是否与空肠弯曲菌的相符。

4. 鉴定

(1)弯曲菌属的鉴定。从选择平板上挑取 5 个以上可疑菌落接种到哥伦比亚血平板上，微需氧条件下(42±1)℃培养 24～48 h 后，进行如下 5 项鉴定，与空肠弯曲菌特性相符者确定为弯曲菌属。

①形态观察。取可疑菌落进行革兰染色，镜检，应注意有些菌株形态不典型。

②动力观察。取可疑菌落用 1 mL Bolton 肉汤悬浮，用相差显微镜观察运动状态。空肠弯曲菌运动活泼，注意有些菌株运动不明显。

③氧化酶试验。取可疑菌落至氧化酶试剂湿润的滤纸上，如果 10 s 内出现紫红色、紫罗兰或深蓝色为阳性。

④微需氧条件下(25±1)℃生长试验。取可疑菌落接种于哥伦比亚血平板上，微需氧条件下(25±1)℃培养(44±4) h，观察细菌生长情况。

⑤有氧条件下(42±1)℃生长试验。取可疑菌落接种于哥伦比亚血平板上，有氧条件下(42±1)℃培养(44±4) h，观察细菌生长情况。

(2)空肠弯曲菌的鉴定。取哥伦比亚血平板上的纯培养物进行如下 3 项鉴定，与空肠弯曲菌特征(表 4-21)相符者确定为空肠弯曲菌。也可使用生化鉴定卡或试剂盒进行鉴定。

表 4-21 空肠弯曲菌的鉴定

特征	空肠弯曲菌	结肠弯曲菌	海鸥弯曲菌	乌普萨拉弯曲菌
过氧化氢酶试验	+	+	+	−或微弱
马尿酸钠水解试验	+	−	−	−
吲哚乙酸酯水解试验	+	+	−	+

注：+表示阳性；−表示阴性。

①过氧化氢酶试验。挑取菌落，加到干净玻片上的3%过氧化氢溶液中，如果在30 s内出现气泡则判定结果为阳性。

②马尿酸钠水解试验。挑取菌落，加到盛有0.4 mL 1%马尿酸钠的试管中制成菌悬液，混匀后在(36±1)℃水浴中温育2 h或(36±1)℃培养箱中温育4 h。沿试管壁缓缓加入0.2 mL茚三酮溶液，不要振荡，在(36±1)℃再温育10 min后判读结果。若出现淡紫色或没有颜色变化则为阴性。

③吲哚乙酸酯水解试验。挑取菌落至吲哚乙酸酯纸片上，再滴加一滴灭菌水。如果吲哚乙酸酯水解，则在5～10 min内出现深蓝色；若无颜色变化则表示没有发生水解。

(二)其他检验方法

待检样品进行增菌培养后，可采用量子点免疫荧光法进行空肠弯曲菌的快速检测。该法以免疫磁珠为载体，将菌液中的空肠弯曲菌快速富集在磁珠表面，然后将荧光量子点标记的空肠弯曲菌抗体与免疫磁珠富集的菌液进行相互作用，利用荧光显微镜检测磁珠复合物表面的荧光，有荧光显示结果为阳性。阳性结果再用传统生化法进行最后的确认。

运用分子生物学技术检测空肠弯曲菌也是一个快速可靠的途径，目前运用到检测中的有环介导恒温扩增(LAMP)技术和实时荧光PCR技术等。

第八节 肉毒梭菌检验

肉毒梭菌(*C. botulinum*)为梭菌科梭菌属(*Clostridium*)成员，是一种腐生性细菌，能导致人和多种动物发生肉毒梭菌中毒。

根据所产生的肉毒毒素的抗原性差异，肉毒梭菌可分为A～G 7个型，对人致病的有A、B、E和F型，这4个型均可引起食源性感染和中毒，其中以A型和B型最常见，F型比较罕见。

根据对蛋白质的分解能力，肉毒梭菌可分为2类，蛋白分解菌和非蛋白分解菌。全部A型菌，部分B型菌和F型菌为蛋白分解菌；其余B型菌和F型菌，全部E型菌为非蛋白分解菌，产生前毒素，经胰蛋白酶活化后方具有毒性作用。

一、肉毒梭菌生物学特性

(一)形态与染色

肉毒梭菌为革兰阳性粗大杆菌，大小为(0.9～1.2) μm×(4～6) μm，菌体两端钝圆，多单在，偶见成双或成链。着生周鞭毛而能微弱运动，不形成荚膜。芽孢呈卵圆形，位于菌体近端，A型菌、B型菌芽孢直径略大于菌体宽度，使菌体呈汤匙状或网球拍状。

(二)生化与培养特性

肉毒梭菌一般能发酵葡萄糖、麦芽糖和果糖产酸产气，对蔗糖的发酵情况视菌株而异，不发酵乳糖，能产生硫化氢，不形成靛基质。蛋白分解菌能水解蛋白质，非蛋白分解菌不能水解蛋白质。A型菌、B型菌、E型菌和F型菌脂肪酶阳性，卵磷脂酶阴性。

肉毒梭菌为专性厌氧，多数菌株在25℃和45℃可生长，蛋白分解菌最适生长温度为35～40℃，最适产毒温度为35℃；非蛋白分解菌最适生长温度为25～37℃，最适产毒温度为26℃。本菌对营养要求不高，在普通培养基中生长良好。

肉毒梭菌在庖肉培养基中培养24～48 h，呈均匀混浊生长，产气，肉渣可被蛋白分解菌消化成烂泥状并发黑，非蛋白分解菌则不消化肉渣，产生腐败恶臭气味。本菌在胰蛋白胨葡萄糖酵母膏(TPGY)肉汤中生长，产生大量气体，肉汤混浊；E型菌呈絮状生长，黏附于管壁，肉汤清亮。

在普通平板上形成灰白色、半透明、边缘不整齐、表面粗糙的绒球状菌落，直径3～5 mm。在血平板上呈β溶血。G型菌也许会呈扩散膜状生长而覆盖整个平板，也可形成大而粗糙的煎蛋样菌落。在卵黄琼脂平板上，菌落隆起或扁平、光滑或粗糙，易呈蔓延生长，边缘不规则，周围形成乳浊沉淀晕圈(E型菌的较宽，A型菌和B型菌则较窄)，在斜光下观察，菌落和晕圈表面呈现珍珠样虹彩。

(三)抗原构造

肉毒梭菌的型别是根据肉毒毒素的抗原特异性决定和命名的。有关该菌的菌体(O)抗原、鞭毛(H)抗原及芽孢抗原研究已有许多报告，不过迄今所得的一些抗原分析结果还不能应用于肉毒梭菌分类，对于实验诊断也无多大实际意义。

二、肉毒梭菌公共卫生

(一)流行病学

肉毒梭菌及其芽孢广泛分布于土壤及水体沉积物中。引起食物中毒的菌型分布状态具有一定的区域性，A型菌和B型菌呈世界性分布。在我国，新疆地区基本为A型菌，其他省区以B型菌偏多。在其他国家，E型菌食物中毒基本都发生在北纬40°以北的沿海地区，唯独在我国全部发生于远离沿海的高原或平原。

引起食物中毒的动物产品有火腿、香肠、鱼及鱼制品和罐头等，具体种类因地而异，往往同当地居民的饮食生活习惯有关。中毒往往因生食或不经再加热而直接食用媒介食品而引起，一年四季均可发生。

(二)致病机理

肉毒毒素是肉毒中毒的直接致病因素，是目前所知的毒性最强的生物毒素，分为A～G七个型。各型毒素虽然抗原性不同，但致病机理基本相同。毒素进入人体后，在正常胃液中24 h不被破坏，大部分在小肠上部被吸收进入血液循环，选择性地作用于运动神经与副交感神经，主要作用点在神经末梢与神经肌肉交接处，抑制神经传导介质—乙酰胆碱的释放，从而妨碍神经冲动的传导，引起肌肉松弛性麻痹。

(三)临床症状

食源性肉毒梭菌中毒潜伏期一般为 18～36 h，最短为 4 h，长者可达数天。胃肠道症状很少见，典型症状包括瞳孔放大，视物模糊和复视，眼睑下垂，肌肉无力，吞咽障碍，失语，呼吸困难等。患者知觉、体温、血压以及其他体征一般保持正常。病程一般 2～3 d，也有长达 2～3 周之久。病死率可达 30%～50%，死亡由呼吸肌麻痹导致窒息引起。发病早期采用型特异或多价血清治疗，病死率可降至 10%～15%。肉毒中毒病愈后一般不留下后遗症，可能有某些症状，尤其视觉障碍和全身无力等消失缓慢。

三、肉毒梭菌检验方法

在进行食品卫生检验时，肉毒梭菌的检验以肉毒毒素检测为重点，单纯的肉毒梭菌菌体检查一般意义不大。在国家标准检验方法(GB 4789.12—2016)中，肉毒梭菌及其毒素的检验主要分为以下环节，检验程序见图 4-13。

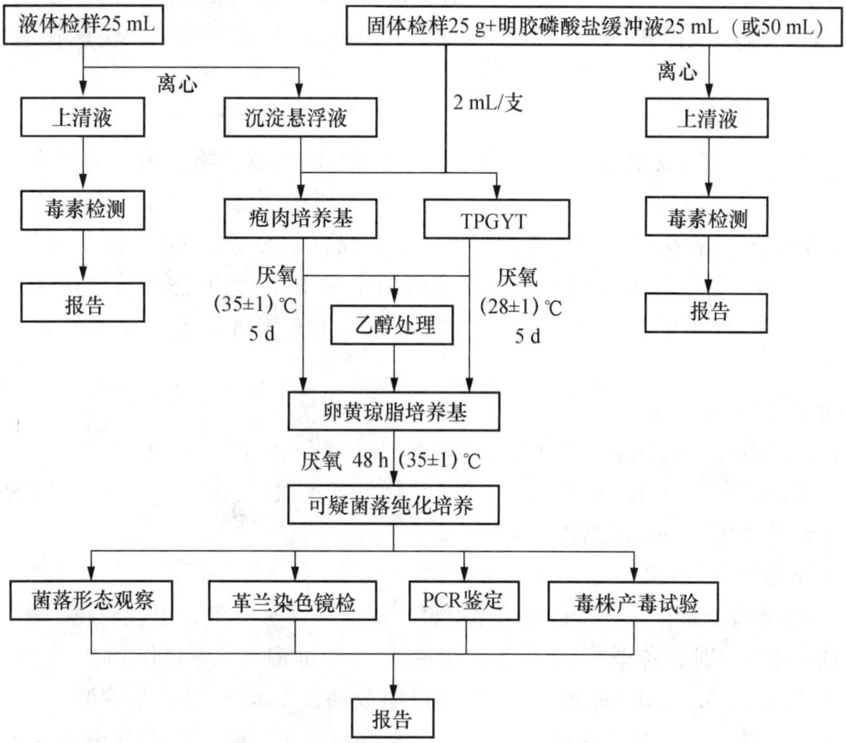

图 4-13　肉毒梭菌及肉毒毒素检验程序(源自 GB 4789.12—2016)

(一)样品制备

固态与半固态动物性食品取样量均为 25 g。含水量较高的半固态和固态食品加入 25 mL 明胶缓冲液，含水量低的固态食品则加入缓冲液 50 mL，制成匀浆液。液态食品摇匀后取 25 mL 直接进行检验。

取样后的剩余样品置 2～5℃冰箱冷藏，检验结果报告发出后进行无害化处理，检出的阳性样品应采用高压蒸汽灭菌法处理。

(二)肉毒毒素检测

肉毒毒素检测以小鼠腹腔注射法为标准方法。

1. 毒素检样制备

取样品匀浆液 40 mL 或均匀液体样品 25 mL，放入离心管，3 000 r/min 离心 10～20 min，收集上清液分成 2 份，一份直接用于毒素检测，另一份用胰酶处理后进行毒素检测。胰酶处理的方法为：调节上清液 pH 至 6.2，每 9 份上清液加 1 份 10%胰酶(活力 1∶250)水溶液，混匀，37℃孵育 60 min。液体样品保留管底沉淀及液体 12 mL，制备沉淀悬液备用。

2. 检出试验

取离心上清液和胰酶处理上清液分别腹腔注射小鼠 3 只，每只 0.5 mL，观察和记录小鼠 48 h 内的中毒表现。典型肉毒毒素中毒症状多在 24 h 内出现，多在 6 h 内发病和死亡，小鼠主要表现为竖毛，四肢瘫软，呼吸困难，呼吸呈风箱式，腰部凹陷，宛若蜂腰，多因呼吸麻痹而死。若小鼠在 24 h 后发病死亡，应仔细观察症状，必要时浓缩上清液重复试验，以排除肉毒毒素中毒。若小鼠猝死(30 min 内)导致症状不明显时，应将毒素上清液作适当稀释，重复试验。

3. 确证试验

检出试验呈阳性的，取相应试验液分成 3 份，每份 0.5 mL。第一份加等量多型混合肉毒毒素诊断血清，混匀，37℃作用 30 min；第二份加等量明胶磷酸盐缓冲液，混匀后煮沸 10 min；第三份加等量明胶磷酸盐缓冲液，混匀即可。3 份混合液分别腹腔注射小鼠各 2 只，每只 0.5 mL，观察 4 d。若注射第一份第二份混合液的小鼠未死亡，而注射第三份混合液的小鼠出现肉毒毒素中毒的特有症状和死亡，则可判定检样中有肉毒毒素。必要时还需进行毒力测定及毒素定型。

4. 毒力测定(选做项目)

取确证试验阳性的试验液，用明胶磷酸盐缓冲液进行倍比稀释，每个稀释度分别腹腔注射小鼠各 2 只，每只 0.5 mL，观察 4 d。根据动物发病与死亡情况，计算检样所含肉毒毒素的最低致死剂量(MLD/mL 或 MLD/g)。

5. 定型试验(选做项目)

依据毒力检测结果，用明胶磷酸盐缓冲液将上清液稀释至毒素毒力在 10～1 000 MLD/mL 作为定型试验液，分别与各单型肉毒毒素诊断血清等量混匀，37℃作用 30 min，分别腹腔注射小鼠 2 只，每只 0.5 mL，观察 4 d。同时以明胶磷酸盐缓冲液代替诊断血清，与试验液等量混合作为对照。能保护动物免于发病死亡的单型诊断血清即为检样中所含肉毒毒素的型别。

(三)肉毒梭菌检验

当检样中不能检出肉毒毒素时，一般多采用增菌产毒培养试验法来证实检样中是否有肉毒梭菌存在，具体方法步骤如下(图 4-13)。

1. 增菌培养与检出试验

取庖肉培养基 4 管和胰蛋白胨葡萄糖酵母膏(TPGY)肉汤 2 管，煮沸 10～15 min，急速冷却，在 TPGY 肉汤管中加入胰酶液，每只 1 mL，制成胰蛋白酶胰蛋白胨葡萄糖酵母膏(TPGYT)肉汤。

取样品匀浆液或毒素制备过程中的离心沉淀悬浮液 2 mL 接种至庖肉培养基中，每份样品接种 4 管，2 管直接置(35±1)℃厌氧培养至 5 d，另 2 管于 80℃保温 10 min，再置于(35±1)℃厌氧培养至 5 d。同样方法接种 2 支 TPGYT 肉汤管，(28±1)℃厌氧培养至 5 d。检查记录增菌培养物的浊度、产气、肉渣颗粒消化情况，并注意气味。肉毒梭菌培养物为产气、肉汤浑浊(庖肉培养基中 A 型菌和 B 型菌肉汤变黑)、消化或不消化肉粒、有异臭味。

取增菌培养物进行革兰染色镜检，观察菌体形态。若增菌培养基 5 d 无菌生长，应延长培养至 10 d，观察生长情况。取增菌培养物阳性管的上清液，进行肉毒毒素检验。阳性结果可证明检样中有肉毒梭菌存在。

2. 分离培养

取增菌液 1 mL 加入等量无水乙醇，混匀，在室温下放置 1 h。取增菌培养物和乙醇处理的增菌液分别划线接种卵黄琼脂平板，(35±1)℃厌氧培养 48 h。观察平板上的菌落特征是否与肉毒梭菌的相符。

3. 纯培养

选择 5 个可疑菌落，分别接种卵黄琼脂平板，(35±1)℃厌氧培养 48 h，观察菌落特征。

4. 鉴定试验

(1)染色镜检。取纯培养的可疑菌落进行革兰染色，镜检。

(2)毒素基因检测。挑取可疑菌落或待鉴定菌株接种 TPGY 肉汤，(35±1)℃厌氧培养 24 h 后，提取模板 DNA，采用分别针对各型肉毒毒素基因的特异性引物(表 4-22)进行 PCR 扩增。若待测样品中出现预期大小的扩增条带，判定 PCR 结果阳性，根据表 4-22 判定肉毒梭菌菌型。

表 4-22　肉毒梭菌毒素基因 PCR 检测的引物序列及其产物

肉毒梭菌菌型	引物序列	扩增长度/bp
A 型	F 5′-GTG ATA CAA CCA GAT GGT AGT TAT AG-3′ R 5′-AAA AAA CAA GTC CCA ATT ATT AAC TTT-3′	983
B 型	F 5′-GAG ATG TTT GTG AAT ATT ATG ATC CAG-3′ R 5′-GTT CAT GCA TTA ATA TCA AGG CTG G-3′	492
E 型	F 5′-CCA GGC GGT TGT CAA GAA TTT TAT-3′ R 5′-TCA AAT AAA TCA GGC TCT GCT CCC-3′	410
F 型	F 5′-GCT TCA TTA AAG AAC GGA AGC AGT GCT-3′ R 5′-GTG GCG CCT TTG TAC CTT TTC TAG G-3′	1 137

(3)菌株产毒试验。将 PCR 阳性菌株或可疑肉毒梭菌菌株接种庖肉培养基或 TPGYT 肉汤，厌氧培养后进行毒素检测和(或)定型试验，毒素确证试验阳性者，判定为肉毒梭菌，根据定型试验结果判定肉毒梭菌型别。

第九节　变形杆菌属检验

变形杆菌属(*Proteus*)为肠杆菌科的成员，是一类条件致病菌，多为继发感染，如慢性中耳炎、创伤感染等，也可引起膀胱炎、婴儿腹泻、腹膜炎、心内膜炎、食物中毒等。该属目前共包括5个种，即普通变形杆菌、奇异变形杆菌、潘氏变形杆菌、产黏液变形杆菌和豪氏变形杆菌。

该属中与人食物中毒有关的是普通变形杆菌和奇异变形杆菌。过去，变形杆菌属中引起食物中毒的还包括雷极氏变形杆菌和摩根变形杆菌，根据新的分类原则，前者已划归普罗威登斯菌属并改名为雷氏普罗威登斯菌，后者则归为摩根菌属并改名为摩氏摩根菌。

近年来，变形杆菌食物中毒事件时有报道，甚至在细菌性食物中毒中占据第一位，应引起我们的重视。

一、变形杆菌属生物学特性

(一)形态与染色

变形杆菌属是一类革兰染色呈阴性的细菌，有明显的多形性，主要为两端钝圆的杆形，大小为(0.4～0.6) μm×(1.0～3.0) μm，有时为球形或长丝状，多单在，也可成对或呈短链排列。本菌属具有周身鞭毛，运动活泼；不产生芽孢，有菌毛，无荚膜。

(二)生化与培养特性

变形杆菌属的重要生化特征是具有脲酶，能迅速水解尿素；苯丙氨酸脱羧酶阳性，能使苯丙氨酸氧化脱去氨基形成苯丙酮酸。本菌属能发酵葡萄糖产酸产气，通常不分解乳糖，不具有赖氨酸脱羧酶和精氨酸脱羧酶，能产生大量硫化氢。本菌属不同种的生化特性鉴别见表4-23。

表4-23　变形杆菌属5个种生化特性鉴别

生化项目	奇异变形杆菌	产黏液变形杆菌	潘氏变形杆菌	普通变形杆菌	豪氏变形杆菌
靛基质	－	－	－	－	＋
鸟氨酸脱羧酶	＋	－	－	－	－
七叶苷水解	－	－	－	＋	－
水杨苷水解	－	－	－	＋	－
麦芽糖发酵	－	＋	＋	＋	＋
木糖发酵	＋	－	＋	＋	＋

注：＋表示阳性；－表示阴性。

变形杆菌属为需氧或兼性厌氧菌，对营养要求不高，在普通培养基上生长良好，在10～45℃均可生长。普通肉汤等液体培养基呈均匀混浊生长，表面有菌膜。在普通平板和血平板表面呈扩散生长，培养24 h形成以接种部位为中心的厚薄交替的波纹状菌苔，称为迁徙生长现象，这是本属细菌生长的一个重要特征；在培养基中加入苯酚、三氮化钠或胆盐等，或提高琼脂浓度至5%～6%，或提高培养温度至40℃，则迁徙生长现象受到抑制，而出现单个菌落。

在沙门氏菌和志贺氏菌(SS)琼脂平板上，形成圆形、扁薄、半透明、淡粉红色、中心呈黑色的小菌落，培养物有特殊臭味。在伊红美蓝(EMB)琼脂平板上形成无色透明的菌落，部分蔓延生长。在麦康凯(MAC)琼脂平板上形成圆形、扁平、无色、半透明菌落。

(三)抗原构造

变形杆菌属主要有2种抗原，鞭毛(H)抗原和菌体(O)抗原，是血清学鉴定的基础。在Kauffmann-Perch二氏的抗原体系中，普通变形杆菌和奇异变形杆菌共包括49个O群和19个H型。在49个O抗原中，有17个是普通变形杆菌，27个是奇异变形杆菌。

本属某些菌株O抗原与大肠杆菌、沙门氏菌O抗原间有交叉反应。分属于O1、O2和O3的一些菌株的O抗原与某些立克次体的脂多糖为类属抗原，因此临床上可用这些变形杆菌代替立克次体抗原与患者血清进行凝集试验，即外斐试验，以辅助诊断相应立克次体病，如斑疹伤寒、恙虫病等。

二、变形杆菌公共卫生

(一)流行病学

变形杆菌属广泛存在于自然界的水体、土壤和腐败有机物中，人和动物肠道中也有存在。所以食品受污染的机会很多，生的肉类食品，尤其动物内脏带菌率较高。引起食物中毒的食品主要是动物性食品，特别是熟肉及熟内脏制品。在食品烹调加工时，处理生熟食品的工具、容器未严格分开，可导致熟制品被污染，由于熟制品被变形杆菌污染通常无感官性状的变化，所以极易被忽视而引起食物中毒。

变形杆菌一般不致病，若被污染食品在较高温度下存放较长时间，细菌大量繁殖导致菌数超过正常范围，食用前未加热或加热不彻底，就会引起发病。发病季节多在夏季和秋季，大概在5～10月，以7～9月常见。

(二)致病机理

变形杆菌具有多种毒力因子，包括菌毛、溶血素、内毒素和肠毒素等。当机体摄入含有大量细菌的食物后，细菌进入胃肠道中，先在小肠内生长繁殖，从而引起感染。同时，细菌产生肠毒素，引起中毒性胃肠炎。

(三)临床症状

变形杆菌食物中毒潜伏期短，多数为5～18 h，最短者仅1 h。患者表现有恶心、呕吐、腹痛剧烈如刀割、腹泻、头疼、发热、全身无力等。腹泻1日数次，多为水样便，有恶臭，少数带黏液。病程较短，一般为1～3 d。

三、变形杆菌检验方法

变形杆菌在一般情况下对人体无害，因此仅从食品中检出该菌没有什么意义。在检验时，除了进行一般的细菌分离和鉴定外，还需做每克食品中细菌数的测定。目前，我国尚未针对变形杆菌建立国家标准检验方法。

(一)变形杆菌定性检测

变形杆菌定性检测主要包括前增菌、增菌、分离和鉴定这几个步骤。

1. 前增菌

取 25 g(mL)样品，加入 225 mL 缓冲蛋白胨水，制成匀浆液后于(36±1)℃培养 8～18 h。

2. 增菌培养

轻轻摇动培养过的样品混合物，移取 1 mL，转种于革兰阴性菌(GN)增菌液或肠杆菌增菌(EE)肉汤，(36±1)℃培养 18～24 h。

3. 分离培养

取增菌培养后的菌液，分别划线接种伊红美蓝(EMB)平板及沙门氏菌和志贺氏菌(SS)平板[或麦康凯(MAC)平板]各 1 块，(36±1)℃培养 18～24 h，观察菌落特征。

4. 鉴定

挑取选择平板上的可疑菌落进行革兰染色与镜检和苯丙氨酸脱羧酶试验。后者的操作方法为：取可疑菌落接种苯丙氨酸琼脂斜面，(36±1)℃培养 6～8 h 或 18～24 h。滴加 10% 三氯化铁溶液 2～3 滴，自斜面培养物上流下，苯丙氨酸脱羧酶阳性者呈棕黑色。若上述两项鉴定结果符合变形杆菌的特征，则使用生化鉴定试剂盒或全自动微生物生化鉴定系统进行全面的生化鉴定。

(二)变形杆菌定量检测

变形杆菌定量检测主要采用 MPN 法，包括以下步骤。

1. 样品稀释与前增菌

以缓冲蛋白胨水作为稀释液，取 25 g(mL)样品制成 1∶10 的样品匀浆液，取匀浆液 1 mL 再进行 10 倍递进稀释。根据对检样污染程度的估计，选择 3 个连续的稀释度，每个稀释度接种 3 管缓冲蛋白胨水，接种量为 1 mL。于(36±1)℃培养 8～18 h。

2. 选择性增菌

从各管移取 1 mL 前增菌培养物，分别加入 9 mL 的 EE 增菌液中，(36±1)℃培养 18～24 h。

3. 分离培养

所有显示有细菌生长者，用 3 mm 接种环蘸取 1 环，分别划线接种 EMB 平板和 SS 平板(或 MAC 平板)各 1 块，(36±1)℃培养 18～24 h，观察菌落特征。

4. 鉴定

上述选择平板上若出现可疑菌落，应至少挑取 5 个进行传代培养。然后取可疑菌落进行革兰染色镜检和苯丙氨酸脱羧酶试验，若结果与变形杆菌特征相符，则进行全面的生化鉴定。

5. 报告结果

根据每一稀释度证实生化试验鉴定结果为阳性的试管数，查最可能数(MPN)检索表，报告每克(或毫升)样品中变形杆菌的最近似数。

此外,研究人员还建立了一些变形杆菌属的分子生物学检测方法,如专门针对普通变形杆菌和奇异变形杆菌的 PCR 方法。

第十节 产气荚膜梭菌检验

产气荚膜梭菌(*C. perfringens*)又名魏氏梭菌,归属于梭菌属(*Clostridium*),是一种条件致病菌,能引起人和多种动物的创伤性感染和胃肠道疾病。

根据所产生的 4 种外毒素,α、β、ε 和 ι 毒素,产气荚膜梭菌被分为 A、B、C、D、E 5 个菌型(表 4-24)。人的产气荚膜梭菌食物中毒主要由 A 型菌引起,其次是 C 型菌。

表 4-24 产气荚膜梭菌按毒素分型

菌型	产生的毒素			
	α	β	ε	ι
A	+	−	−	−
B	+	+	+	−
C	+	+	−	−
D	+	−	+	−
E	+	−	−	+

注:+表示产生;−表示不产生。

一、产气荚膜梭菌生物学特性

(一)形态与染色

产气荚膜梭菌为两端钝圆的粗大杆菌,大小为(3~9) μm×(0.8~1.3) μm,单在或成双,有时呈短链状排列。芽孢呈卵圆形,位于菌体中央或近端,直径不大于菌体,但在一般条件下较罕见,无糖培养基有利于形成芽孢。在机体内或含血清的培养基上可形成荚膜。无鞭毛,不运动。革兰染色阳性。

(二)生化与培养特性

产气荚膜梭菌对糖的分解能力极强,能发酵葡萄糖、麦芽糖、乳糖、蔗糖,果糖、淀粉等大多数糖类,产酸产气。不分解甘露醇和水杨苷,不能消化已凝固的蛋白质和血清,能还原硝酸盐为亚硝酸盐,能液化明胶,能产生 H_2S,靛基质阴性。

产气荚膜梭菌为厌氧菌,但对厌氧条件并不严格。生长温度范围为 20~50℃,适宜温度为 37~47℃;在 43~47℃生长非常迅速,在适宜条件下增代时间仅 8 min,可利用高温快速培养法对本菌进行选择分离,如在 45℃每培养 3~4 h 传代 1 次,较易获得纯培养。

本菌对营养要求不高,在普通培养基上可生长,若加入葡萄糖、血液则生长更好。在庖肉培养基中培养数小时即可见到生长,产生大量气体,肉渣或肉块变为略带粉色,但不被消化。在普通平板上生长 24 h,形成灰白色、半透明、表面光滑、边缘整齐的菌落,直径 2~4 mm。在血平板上,多数菌株有双层溶血环,内环完全溶血,外环不完全溶血。在胰胨-亚硫酸盐-环丝氨酸(TSC)琼脂平板上形成圆形、表面光滑的黑色菌落。在液体硫乙醇酸盐(FTG)培养基中呈混浊生长。在含铁牛乳培养基中,呈现“暴烈发酵”现象,即分解乳糖产酸使酪蛋白凝固,同时产生大量气体,将凝固的酪蛋白冲成蜂窝状或碎块,并将液面上的封层向上推挤,甚至冲开试管塞;培养基不变黑。

(三)抗原构造

产气荚膜梭菌是通过利用其产生的4种主要致死性毒素抗原与其抗毒素的中和关系分为A～E 5个型的。菌体(O)抗原和荚膜(K)抗原对于本菌的血清学分类意义不大。

二、产气荚膜梭菌公共卫生

(一)流行病学

产气荚膜梭菌比其他梭菌更广泛地分布于自然界,在人和动物肠道内也有存在。尤其是A型菌很容易从土壤中分离到,并且其芽孢很耐热,100℃加热1～4 h也不能被完全杀灭。

引起产气荚膜梭菌食物中毒的食品大多是畜禽肉类和鱼类食物,牛乳也可因污染而引起中毒。中毒原因是污染食品加热不彻底而在缓慢的冷却过程中,芽孢萌发迅速生长繁殖;此外污染食品不合适的维持高温也是中毒的重要原因。中毒的发生有明显的季节性,以夏秋季多见。

(二)致病机理

产气荚膜梭菌的致病作用主要在于其所产生的外毒素和酶类,包括致死毒素、坏死毒素、肠毒素、卵磷脂酶、纤维蛋白酶、透明质酸酶、胶原酶和脱氧核糖核酸酶等等,达12种之多。这些毒性物质可损伤细胞膜、血管内皮细胞并使糖类分解,导致细胞坏死、组织水肿、充气等病变。

肠毒素是产气荚膜梭菌食物中毒的起因。大量细菌繁殖体和芽孢随食物进入肠道,繁殖体很容易再形成芽孢同时产生肠毒素,当菌体自溶和芽孢游离时肠毒素被释放出来。肠毒素对小肠具有一定的亲和性,黏附于肠黏膜上皮后,能增强肠壁细胞的腺苷环化酶活性,导致黏膜正常吸收功能出现障碍,肠壁血管的通透性升高。严重时,细菌和毒素进入血液循环,引起毒血症。

(三)临床症状

产气荚膜梭菌引起的食物中毒有2种类型,急性胃肠炎型或坏死性肠炎型。

急性胃肠炎型由A型菌引起,潜伏期一般为10～12 h,最短6 h,长者可达24 h。病人主要表现轻度腹痛,腹胀,腹泻,粪便多呈水样,偶尔混有黏液和血液;一般无发热和恶心呕吐。病程短,多在1 d内恢复。

坏死性肠炎型由C型菌引起,潜伏期短。症状为严重的下腹部疼痛,重度腹泻,粪便中带有血液、黏液,甚至黏膜屑片,并伴有高热和呕吐,重症患者常出现严重脱水和循环衰竭而死亡。

三、产气荚膜梭菌检验方法

(一)国家标准检验方法

动物产品中产气荚膜梭菌检验主要目标是产品被本菌污染的程度,检验重点项目包括细菌计数和确证试验(详见国家标准 GB/T 4789.13—2012),检验程序见图 4-14。

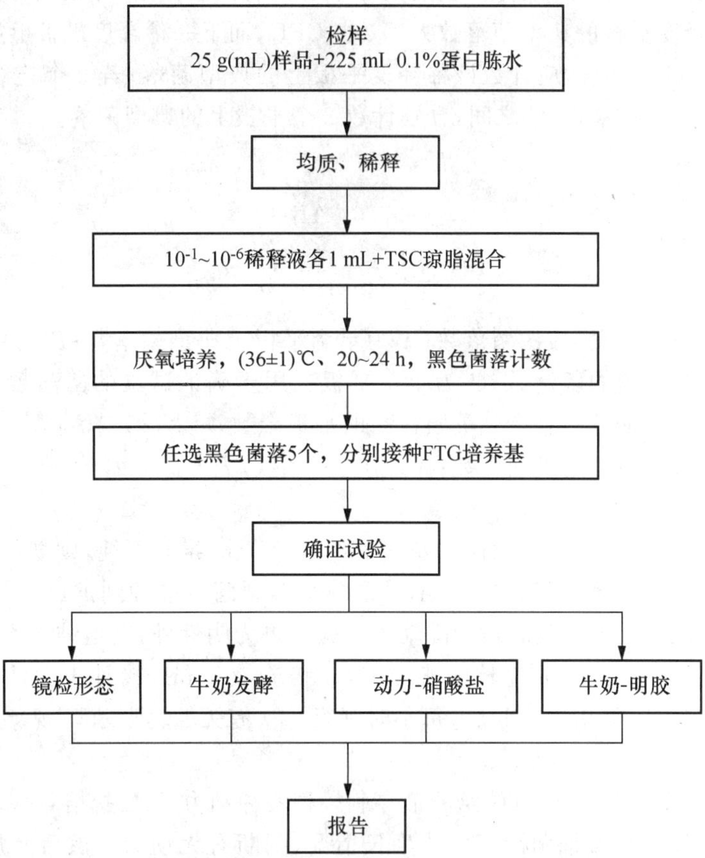

图 4-14　产气荚膜梭菌检验程序(源自 GB 4789.13—2012)

1. 样品制备

取 25 g(mL)样品加入 0.1%蛋白胨水 225 mL,制成 1∶10 匀浆液,然后再制成 10^{-2}～10^{-6} 系列稀释度。采集的样品若 8 h 内不能检验,则取 25 g(mL)加入等量缓冲甘油-氯化钠溶液,于−60℃冷冻保存或加干冰保存。检验时,于室温解冻后加入 0.1%蛋白胨水 200 mL 进行匀浆化,再作 10 倍递进稀释。

2. 细菌计数

每个稀释度 2 个灭菌平皿,每个平皿分别加入各稀释度样品 1 mL,再倾注 50℃的胰胨-亚硫酸盐-环丝氨酸(TSC)琼脂 15 mL,并使之与稀释样充分混匀。平板形成后,再用 50℃的 TSC 琼脂 10 mL 均匀覆盖平板表层,待琼脂凝固后,(36±1)℃厌氧培养 20～24 h。通常选取典型菌落数在 20～200 之间的平板上进行典型菌落计数。

每个平板取5个典型菌落(小于5个全选),分别接种液体硫乙醇酸盐(FTG)培养基进行纯培养,(36±1)℃培养18～24 h后做确证试验。根据平板上的典型菌落数和证实的菌落数,计算出每克或每毫升样品中的细菌数并报告结果。

菌落计数通常选择典型菌落数在20～200 CFU之间的平板进行,其他情况为:只有1个稀释度平板的典型菌落数在20～200 CFU之间,计数该稀释度平板上的典型菌落;最低稀释度平板的典型菌落数小于20 CFU,计数该稀释度平板上的典型菌落;某一稀释度平板的典型菌落数大于200 CFU,但下一稀释度平板上没有典型菌落,计数该稀释度平板上的典型菌落;某一稀释度平板的典型菌落数大于200 CFU,而下一稀释度平板上虽有典型菌落但不在20～200 CFU范围内,应计数该稀释度平板上的典型菌落;若2个连续稀释度平板的典型菌落数均在20～200 CFU之间,分别计数2个平板上的典型菌落。

结果计算公式为

$$T=\sum \frac{\frac{AB}{C}}{(n_1+0.1n_2)}d$$

式中:T 为样品中产气荚膜梭菌菌落数;A 为单个平板上典型菌落数;B 为单个平板上经确证试验为产气荚膜梭菌的菌落数;C 为单个平板上用于确证试验的菌落数;n_1 为第一稀释度(低稀释倍数)经确证试验有产气荚膜梭菌的平板个数;n_2 为第二稀释度(高稀释倍数)经确证试验有产气荚膜梭菌的平板个数;0.1为稀释系数;d 为稀释因子(第一稀释度)。

3. 确证试验

取纯培养液涂片,革兰染色镜检并观察其纯度。若培养液不纯,则划线接种TSC平板进行分纯,(36±1)℃厌氧培养20～24 h,挑取单个典型菌落接种到FTG培养基进行培养,用于如下的确证试验。产气荚膜梭菌除动力试验结果为阴性外,其他结果均为阳性。

①含铁牛乳发酵试验。取生长旺盛的FTG培养液1 mL接种于含铁牛乳培养基,在(46±0.5)℃水浴中厌氧培养2 h后,每小时观察一次有无"暴烈发酵"现象。5 h内不发酵者为阴性。

②动力-硝酸盐试验。取FTG培养液穿刺接种缓冲动力-硝酸盐培养基,于(36±1)℃培养24 h。在投射光下检查细菌沿穿刺线生长情况,判断有无动力。然后滴加0.5 mL对氨基苯磺酸溶液和0.2 mL α-萘酚乙酸溶液以检查亚硝酸盐的存在。15 min内出现红色者,表明硝酸盐被还原成亚硝酸盐;如果不出现颜色变化,则加少许锌粉,放置10 min,出现红色者,表明该菌株不能还原硝酸盐。

③乳糖-明胶试验。取FTG培养液穿刺接种乳糖-明胶培养基,于(36±1)℃培养24 h,观察结果。如发现产气和培养基由红变黄,表明乳糖被发酵产酸。将试管于5℃左右放置1 h,检查明胶液化情况。如果培养基是固体,于(36±1)℃再培养24 h,重复检查明胶是否液化。

(二)其他检验方法

环介导恒温扩增(LAMP)技术结合传统的确证试验可用于动物产品中产气荚膜梭菌的筛选检测。针对肠毒素基因进行PCR扩增可检出产品中的A型菌和C型菌。

第十一节　蜡样芽孢杆菌检验

蜡样芽孢杆菌(*B. cereus*)是芽孢杆菌科芽孢杆菌属(*Bacillus*)的成员，是人和动物的各种非肠道传染病的条件致病菌。本菌可引起人类患结膜炎、败血症、呼吸系统感染、伤口感染等疾病，同时可引起牛、羊流产及牛的乳腺炎，1950 年首次被确定为人食物中毒的病原菌。

Smith 等按照芽孢囊大小，芽孢的位置和性状，将芽孢杆菌属分为 3 群。芽孢囊不突出菌体，芽孢为椭圆形或圆柱形者，为第 1 群；芽孢囊突出菌体，芽孢为椭圆形者，为第 2 群；芽孢囊突出菌体，芽孢呈球形者，为第 3 群。蜡样芽孢属于第 1 群，此群内的细菌，根据营养型菌细胞的宽度分为 2 类，宽度≤0.9 μm 者称"小细胞菌种(small-celledspecies)"；宽度＞0.9 μm 者称"大细胞菌种(large-celledspecies)"，包括蜡样芽孢杆菌、蕈状芽孢杆菌、苏云金芽孢杆菌、炭疽芽孢杆菌和巨大芽孢杆菌。因此，检验蜡样芽孢杆菌需进一步鉴别与其在形态上相似的"大细胞菌种"内的 4 个种。

一、蜡样芽孢杆菌生物学特性

(一)形态与染色特性

蜡样芽孢杆菌为革兰阳性大杆菌，大小为(1～1.3) μm×(3～5) μm，菌体两端较平整，多呈链状排列。在幼龄菌体内有脂类球状小体或空泡样结构，并出现异染颗粒。芽孢呈椭圆形，不突出于菌体，位于菌体中央或偏端。本菌不形成荚膜，有的有周鞭毛，能运动。引起食物中毒的菌株多为周毛菌。

(二)生化与培养特性

蜡样芽孢杆菌可分解葡萄糖、果糖、蕈糖、蔗糖、麦芽糖、水杨苷、甘油和海藻糖产酸；不分解木糖、阿拉伯糖、山梨醇、卫茅醇、半乳糖、乳糖、肌醇、纤维二糖、山梨糖、七叶苷、甘露糖和甘露醇。KCN 试验呈阳性；靛基质、甲基红和硫化氢试验为阴性。可产生触酶、卵磷脂酶、酪蛋白酶和青霉素酶。能还原美蓝，使牛乳迅速凝固并胨化。

蜡样芽孢杆菌不同菌株之间生化特性有一定的差异，根据对柠檬酸盐利用、硝酸盐还原、淀粉水解、V-P 试验和明胶液化试验，可将其分成 15 个生化型(表 4-25)。

蜡样芽孢杆菌为需氧菌，但可厌氧生长。生长温度为 10～45℃，最适温度为 30～32℃。在 pH 4.9～9.3 均能生长。本菌营养要求不高，在普通培养基上生长良好。在普通肉汤中呈混浊生长，可形成菌膜或菌环，振摇易乳化。在普通琼脂平板上形成灰白色，偶有黄绿色，不透明，扁平，边缘呈扩散状，表面粗糙似毛玻璃状或熔蜡状、直径 3～10 mm 的大菌落。在血琼脂平板上呈现 β 溶血，少数可为 α 溶血。在甘露醇卵黄多黏菌素(MYP)平板上形成微粉红色菌落，周围有白色至淡粉红色沉淀环。

表 4-25　蜡样芽孢杆菌生化分型

型别	生化试验				
	柠檬酸盐利用	硝酸盐还原	淀粉水解	V-P 试验	明胶液化
1	+	+	+	+	+
2	−	+	+	+	+
3	+	+	−	+	+
4	−	−	+	+	+
5	−	−	−	+	+
6	+	−	−	+	+
7	+	−	+	+	+
8	−	+	−	+	+
9	−	+	−	−	+
10	−	+	+	−	+
11	+	+	+	−	+
12	+	+	−	−	+
13	−	−	+	−	−
14	+	−	−	−	+
15	+	−	+	−	+

注：+表示 90%～100%菌株呈阳性；−表示 90%～100%菌株呈阴性。

二、蜡样芽孢杆菌公共卫生

(一)流行病学

蜡样芽孢杆菌常存在于土壤、灰尘和污水中，植物和许多生熟食品中亦常见。目前已从多种食品中分离出该菌，包括肉制品、乳制品、蔬菜、鱼、豆制品、米饭和各类甜点等。

在我国米饭或淀粉类制品，尤其是隔夜米饭是引发蜡样芽孢杆菌食物中毒的主要食品，包括动物性食品在内的其他食品导致的中毒也有报道。食品在进食前保存温度不当，放置时间较长，加热不彻底，其中的蜡样芽孢杆菌或芽孢大量生长繁殖。由于污染食品多无腐败变质现象，呈现完全正常的感官性状，因此很容易误食而发生中毒。

蜡样芽孢杆菌食物中毒有明显的季节性，以夏秋季(6～10 月)为最多，发病率一般为 60%～100%。中毒可在集体中大规模暴发，也可在家庭中暴发或散在发生，与性别和年龄无关。

(二)致病机理

蜡样芽孢杆菌引起食物中毒是由于该菌产生肠毒素。肠毒素可在食物中产生，也可在体内产出，分为致呕吐肠毒素和致腹泻肠毒素 2 类。致呕吐肠毒素是一种小分子、热稳定的多肽，对胃蛋白酶和胰蛋白酶耐受，常在米饭中形成。致腹泻肠毒素是一种大分子蛋白，不耐热，对胰蛋白酶敏感，可在各种食品中产生。致呕吐肠毒素具有催吐作用，引起呕吐型食物中毒。致腹泻肠毒素可增进血管的通透性，并能激活肠道上皮细胞膜上的腺苷环化酶，使黏膜上皮细胞水和电解质分泌紊乱，从而引起腹泻型食物中毒。

（三）临床症状

蜡样芽孢杆菌食物中毒在临床上可分为呕吐型和腹泻型2类。

1. 呕吐型食物中毒

潜伏期短，一般为1～3 h，最短30 min，最长6 h。主要表现为恶心，呕吐，腹痛，腹泻则少见，体温正常。类似于葡萄球菌食物中毒，病程一般为8～10 h。

2. 腹泻型食物中毒

潜伏期长，一般为6～16 h，主要表现为腹痛，水样腹泻，罕见发热和呕吐。类似于产气荚膜梭菌食物中毒，病程24～36 h。

三、蜡样芽孢杆菌检验方法

蜡样芽孢杆食物中毒与食品中的菌含量有密切关系，一般认为含菌量达＞10^5 个/g时可导致食物中毒。因此，在食品卫生评价时，除进行细菌培养外，须做细菌计数。根据国家标（GB 4789.14—2014），动物产品中蜡样芽孢杆菌的检验有2种方法。

（一）蜡样芽孢杆菌平板计数法

该法适用于蜡样芽孢杆菌含量较高的动物产品，检验程序见图4-15。

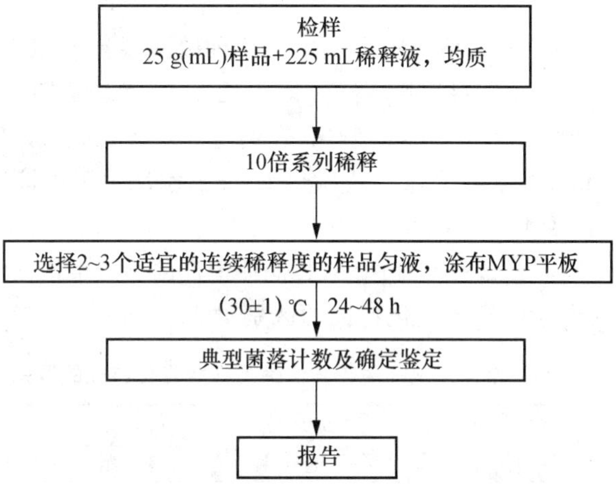

图4-15 蜡样芽孢杆菌平板计数法检验程序（源自GB 4789.14—2014）

1. 样品稀释与培养计数

以灭菌生理盐水或磷酸盐缓冲液（PBS）作为稀释液。取检样25 g（mL）加入225 mL稀释液，制成1∶10的样品匀液，然后取匀液1 mL，进行10倍递进稀释。取2～3个适宜稀释度的样品匀液（液体样品可包括原液），每个稀释度以0.3 mL、0.3 mL、0.4 mL的量分别涂布于3块甘露醇卵黄多黏菌素（MYP）琼脂平板表面，待液体被吸收后，置（30±1）℃培养（24±2）h，观察菌落特征。如果菌落不典型，可继续培养（24±2）h再观察。

从每个平板上挑取至少5个典型菌落（小于5个全选），分别划线接种于普通琼脂平板进行纯培养，（30±1）℃培养（24±2）h，取典型菌落进行确证试验。根据证实的蜡样芽孢杆菌的菌落数，计算出每克（毫升）样品中所含蜡样芽孢杆菌数。菌落计数和结果计算同金黄色葡萄球菌。

2. 确证试验

取纯培养的单个可疑菌落进行革兰染色镜检，确定待检菌在形态及染色特性、培养特性上符合蜡样芽孢杆菌的特征后，再进行如下生化鉴定，主要是与其他类似菌相区别。必要时进行生化分型试验。

(1)动力试验。取纯培养的可疑菌落穿刺接种动力培养基，(30±1)℃试培养 24 h。有动力的蜡样芽孢杆菌应沿穿刺线呈扩散生长，而蕈状芽孢杆菌常呈绒毛状生长。也可用悬滴法检查，使用显微镜油镜观察细菌的动力情况。

(2)溶血试验。取纯培养的可疑菌落划线接种胰胨大豆羊血(TSSB)琼脂平板，(30±1)℃培养(24±2) h。蜡样芽孢杆菌菌落似白色毛玻璃状，有草绿色或透明溶血环。苏云金芽孢杆菌和蕈状芽孢杆菌呈现微弱的溶血现象，而多数炭疽芽孢杆菌为不溶血，巨大芽孢杆菌为不溶血。

(3)根状生长试验。挑取纯培养的可疑菌落按 2～3 cm 的间距划平行直线于经室温干燥 1～2 d的普通平板上，(30±1)℃培养 24～48 h。用蜡样芽孢杆菌和蕈状芽孢杆菌标准株作为对照进行同步试验。蜡样芽孢杆菌呈粗糙山谷状生长的特征，蕈状芽孢杆菌呈根状生长。

(4)溶菌酶耐性试验。用接种环取纯菌悬液 1 环，接种于含 0.001%溶菌酶的肉汤中，(30±1)℃培养 24 h。蜡样芽孢杆菌在肉汤中能生长。如出现阴性反应，应继续培养 24 h。巨大芽孢杆菌不生长。

(5)蛋白毒素结晶试验。取纯培养的可疑菌落接种硫酸锰营养琼脂平板，(30±1)℃培养(24±2) h，并于室温放置 3～4 d，挑取培养物少许于玻片上，滴加蒸馏水混匀并涂成薄层。经自然干燥，微火固定后，加甲醇作用 30 s 后倾去，在通过火焰干燥，于玻片上滴满 0.5%碱性复红，放火焰上热染 1～2 min，更换染色液后再次热染 30 s，水洗晾干后镜检，观察有无游离芽孢(浅红色)和染成深红色的菱形蛋白结晶体。如发现游离芽孢形成不丰富，应再将培养物置室温 2～3 d后进行检查。除苏云金芽孢杆菌外，其他芽孢杆菌不产生蛋白结晶体。

蜡样芽孢杆菌与其他芽孢杆菌生化特征的区别见表 4-26。

表 4-26　蜡样芽孢杆菌与其他芽孢杆菌生化特征的区别

项目	蜡样芽孢杆菌	苏云金芽孢杆菌	蕈状芽孢杆菌	炭疽芽孢杆菌	巨大芽孢杆菌
动力	+/－	+/－	－	－	+/－
硝酸盐还原	+	+/－	+	+	－/+
酪蛋白分解	+	+	+/－	－/+	+/－
溶菌酶耐性	+	+	+	+	－
卵黄反应	+	+	+	+	－
葡萄糖利用(厌氧)	+	+	+	+	－
V-P 试验	+	+	+	+	－
甘露醇产酸	－	－	－	－	+
溶血(羊红细胞)	+	+	+	－/+	－
根状生长	－	－	+	－	－
蛋白毒素晶体	－	+	－	－	－

注：+表示 90%～100%菌株阳性；－表示 90%～100%菌株阴性；+/－表示大多数菌株阳性；－/+表示大多数菌株阴性。

(二)蜡样芽孢杆菌 MPN 计数法

该法适用于蜡样芽孢杆菌含量较低的动物产品,检验程序见图 4-16。

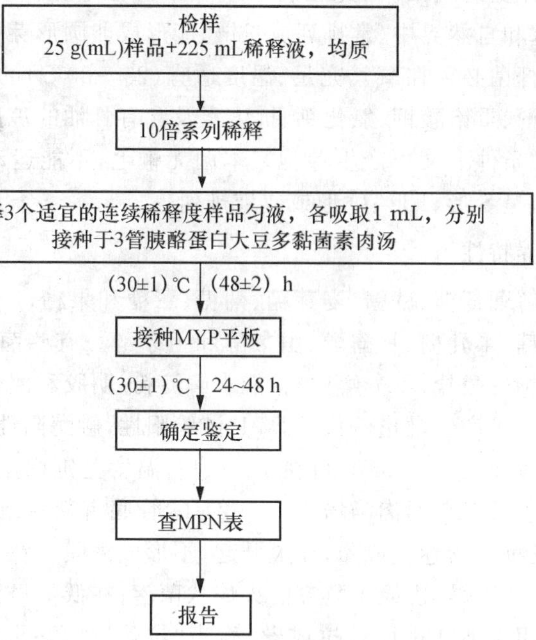

图 4-16 蜡样芽孢杆菌 MPN 计数法检验程序(源自 GB 4789.14—2014)

取样品 25 g(mL)进行 10 倍递进稀释后,选择 3 个适宜的连续稀释度样品匀液,接种于 10 mL 胰酪胨大豆多黏菌素肉汤,每一稀释度接种 3 管,每管 1 mL(若接种量超过 1 mL,则用双料胰酪胨大豆多黏菌素肉汤),(30±1)℃培养(48±2) h 后,用接种环分别从各管移取 1 环培养物划线接种 MYP 平板,(30±1)℃培养(24 h±2) h,若菌落不典型,可继续培养(24±2) h 再观察。从每个平板选取 5 个典型菌落用普通平板进行纯培养后进行确证试验。根据证实为蜡样芽孢杆菌阳性的试管管数,查 MPN 检索表,报告每克(或毫升)样品中蜡样芽孢杆菌的最可能数。

第十二节 炭疽杆菌检验

炭疽杆菌(*B. anthracis*)为芽孢杆菌科芽孢杆菌属(*Bacillus*)的成员,是人和动物炭疽的病原体。牛、羊等草食动物感染后主要表现急性败血症,病畜突然倒地,呼吸困难,全身痉挛,天然孔流血,血液凝固不良,迅速死亡。猪通常呈慢性经过,表现为局部炭疽,如咽炭疽、肠炭疽和肺炭疽。人主要表现皮肤炭疽、肠炭疽和肺炭疽等局限性感染。

一、炭疽杆菌生物学特性

(一)形态与染色

炭疽杆菌为革兰阳性粗大杆菌,大小为(1.0～1.2) μm×(3～5) μm,菌体两端平截。

在人和动物体内常呈单个散在或呈短链状排列，菌体周围形成黏液样肥厚的荚膜。在血液、血清琼脂平板上或加有碳酸氢钠的琼脂平板上，于10%～20%二氧化碳环境中培养，也可形成荚膜。荚膜比菌体更耐腐败，因此在腐败组织中往往不见菌体而只见"菌影"(荚膜的轮廓)。在人工培养基和自然界中，常排列成长链，能形成卵圆形芽孢，芽孢位于菌体中央且不膨大于菌体。炭疽杆菌必须在氧气充足、温度适宜(25～30℃)的条件下才能形成芽孢。在培养基中加入少量酚、重铬酸钾、氯化钙、抗生素及含有甘油的琼脂，可使其失去芽孢形成能力，但当恢复到正常条件下又可产生芽孢。本菌无鞭毛，不能运动。在猪和人体内，炭疽杆菌形态通常不典型，呈S形、J形、O形或成堆排列等。

(二)生化与培养特性

炭疽杆菌能分解葡萄糖、蔗糖、麦芽糖、菊糖、蕈糖和果糖，产酸不产气；不分解乳糖、阿拉伯糖、木糖、鼠李糖、半乳糖、甘露醇、山梨醇和卫茅醇。有些菌株可迟缓发酵甘油和水杨苷。本菌不能利用枸橼酸盐，不分解尿素，能水解淀粉、明胶和酪蛋白，可还原硝酸盐为亚硝酸盐，不产生靛基质，可产生微量硫化氢，V-P试验阳性，触酶阳性。

炭疽杆菌是需氧或兼性厌氧菌，可在14～44℃温度范围内生长，对营养要求不严格，在一般培养基上即可生长。普通肉汤培养18～24 h，管底有絮状沉淀物，整个培养液澄清，如轻轻摇动试管，可见沉淀物卷绕成团，往上升起，不形成菌膜。在普通琼脂上形成灰白色、不透明、扁平、粗糙、表面干燥、边缘不整齐的火焰状菌落；在低倍显微镜下，可见菌落边缘呈卷发状；菌落有黏性，用接种针挑取可拉成丝，称为"拉丝"现象；弱毒或无毒株形成较小而隆起、边缘整齐的光滑型菌落。在血平板上，不溶血或轻度溶血。在戊烷脒多黏菌素琼脂平板和PLET平板上生长较慢，菌落较小，呈卷发状。明胶穿刺培养，沿穿刺线呈倒松树状生长，培养2～3 d后明胶呈漏斗状液化。

(三)抗原构造

炭疽杆菌目前已知有4种抗原成分：保护性抗原、荚膜抗原、菌体抗原和芽孢抗原。

保护性抗原是炭疽杆菌产生的一种胞外蛋白质，为炭疽毒素的组成部分，其相应的抗体对动物具有保护作用。荚膜抗原是由*D*-谷氨酸组成的一种多肽，是一种半抗原，仅见于有毒菌株。菌体抗原有2种：一种是多糖半抗原，存在于细胞壁和菌体内，性质非常稳定，具有耐高温、抗腐败等特性，在血清学上与其他需氧芽孢杆菌等有交叉；另一种是菌体蛋白质抗原，对细菌自身有保护作用。芽孢抗原位于芽孢的外膜，具有免疫原性和血清学诊断价值。

二、炭疽杆菌公共卫生

(一)流行病学

炭疽杆菌主要侵害草食动物，可通过患病动物的分泌物、排泄物、血液或死亡病畜的尸体、组织脏器、体液等造成土壤、水体等环境的污染。当暴露在空气当中时，炭疽杆菌极易形成芽孢，而芽孢对外界环境的抵抗力极为强大，可长期存活。自然环境一旦被芽孢污染，则成为长久的疫源地而不易清除。

人感染炭疽的途径主要有3个：一是在宰杀病畜、剥取兽皮、皮毛加工、照料病畜或搬运肉品的过程中，经破损的皮肤和外表黏膜接触了炭疽杆菌，可发生皮肤炭疽。二是病畜肉加工的肉制品中带有炭疽芽孢，虽经过烹饪烧煮但未能将其杀死，进食这些食品可发生肠炭疽。三是在处理畜产品，如皮张、鬃毛等时，吸入含有炭疽芽孢的尘埃，而发生肺炭疽。目前经过这些途径感染人的事件已比较罕见，多呈散发。炭疽一年四季均可发生，但多集中在夏、秋季节。

(二)致病机理

炭疽杆菌的致病因子主要为荚膜和毒素，荚膜能对抗吞噬细胞的吞噬，炭疽毒素可直接损伤微血管内皮细胞，使血管的通透性增加。炭疽杆菌或其芽孢从损伤的皮肤、胃肠黏膜或呼吸道进入人体后，首先在局部繁殖，产生炭疽毒素而致组织脏器发生出血性浸润、坏死和高度水肿，形成原发性局部炭疽。当机体抵抗力下降时，炭疽杆菌即迅速沿淋巴管及血管向全身扩散，形成败血症和继发性脑膜炎。

(三)临床症状

人类炭疽潜伏期一般为 1～5 d，最短 12 h，长者达 2 周，按感染途径主要分为以下 3 种类型。

1. 皮肤炭疽

病初皮肤上出现丘疹，之后发展为水疱，内含淡黄色液体，周围组织肿胀发硬，3～4 d 后中心呈现出血性坏死，周围有成群小水疱，水肿区继续扩大。第 5～7 天坏死区溃破形成浅溃疡，血样渗出物结成炭样黑色痂皮。病灶处常无明显疼痛感，稍有痒感。病人有发热、头痛、关节痛、周身不适及局部淋巴结肿大等表现。少数病例局部无黑痂形成而呈大块状水肿，扩展迅速，可致大片坏死，病人全身症状严重。

2. 肠炭疽

可表现为急性肠炎型和急腹症型。急性肠炎型潜伏期为 12～18 h，同食者相继发病，症状似食物中毒，表现突然恶心呕吐、腹痛、腹泻。急腹症型病人全身中毒症状严重，持续性呕吐及腹泻，粪便带血，腹胀，腹痛，常并发败血症和感染性休克，如不及时治疗常导致死亡。

3. 肺炭疽

多为原发性，也可继发于皮肤炭疽。可呈急性发病，轻者有胸闷、胸痛、全身不适、发热、咳嗽、咳出带血的黏液痰。重者病初表现高热、寒战，有呼吸急促、气喘、咳嗽、血样痰、发绀等症状。

局部炭疽可发展为脑膜炭疽，患者有剧烈头痛、呕吐、昏迷、抽搐等症状，病情发展迅速，常因误诊得不到及时治疗而死亡。

三、炭疽杆菌检验方法

动物产品中炭疽杆菌的检验有 3 种方法。细菌学方法常用于检测样品中的炭疽芽孢或新鲜组织中的炭疽菌体；血清学方法可用于检测样品中炭疽菌体多糖抗原，通常用于兽皮、兽毛；分子生物学方法可用于炭疽杆菌毒力的鉴定。

(一)细菌学检验方法

1. 样品采集与处理

(1)鬃、毛、绒和生骨粒。按生产日期或原料来源划分批次,每批按 30%抽样,无菌从每个箱(包)的不同部位共抽样 3～5 g,装进灭菌棉布袋作为 1 份,包装后送检。根据样品多少,将合适数量的同批样品(不超过 10 份)合编为一个检样单位。同一检样单位每份样品各取 1～2 g 混合,加入 30～40 倍的预冷样品液后置于冰水浴或 0～4℃冰箱,间或摇动约 1 h,之后 3 000 r/min 离心 20 min,弃上清,以少许灭菌水悬浮沉淀,静置 5～10 min,待杂质下沉后,取上层悬液于 65℃水浴 30 min。

(2)动物皮张。逐张取样,用灭菌棉拭涂擦样皮的真皮面,将棉拭插入试管,包装后送检。

2. 平板分离培养

(1)鬃、毛、绒和生骨粒。取水浴后的样品悬液,根据样品份数多少,各接种 1～3 块 PLET 琼脂平板或戊烷脒多黏菌素平板。接种方法为吸取样品 0.1～0.3 mL 均匀涂布于平板表面。如有剩余样品,可增加平板数量直至样品接种完。待样液吸收后,将平板置于 37℃培养 48～72 h,观察菌落特征。

(2)动物皮张。将棉拭从试管中取出,各涂抹 1 块 PLET 琼脂平板或戊烷脒多黏菌素平板,37℃培养 24～48 h 后观察菌落特征。

其他新鲜组织可直接取样进行细菌分离。

3. 普通肉汤培养

取选择平板上的典型菌落接种普通肉汤,37℃培养 5～12 h,观察细菌生长特征。

4. 荚膜诱导培养

取选择平板上的典型菌落或普通肉汤培养物,接种含 0.7%碳酸氢钠的普通琼脂平板,置 20%二氧化碳培养箱中培养 18～24 h。

5. 细菌形态检查

取选择平板上的典型菌落或普通肉汤培养物进行革兰染色,镜检,观察细菌特征是否与炭疽杆菌相符。取荚膜诱导培养物进行美蓝染色,镜检,观察细菌的形态、排列方式、有无荚膜。

当菌落特征、肉汤生长特性及细菌形态完全符合炭疽杆菌的相关特征时,判定样品中含有炭疽杆菌。

(二)血清学检验方法

1. 样品采集与处理

被检皮张,在每张皮的腿部或腋下剪取样皮一块约 2 g。样毛在各独立包装取样 3 g,若无独立包装则在分散的 20 个以上不同点各取样 3 g。将样皮和样毛装入专用的密封金属盒或耐高温防水样品袋中,121℃高压蒸汽灭菌 30 min。若为冻皮、湿皮或鲜皮,在高压灭菌前先于室温放置 48 h。灭菌后的皮样去除脂肪后剪取 1 cm^2,样毛取数克加入 5～10 倍的 0.5%石炭酸生理盐水,于 4℃冰箱浸泡 16～24 h,用中性滤纸滤过浸液,取滤液作为待检样品抗原。

2. Ascoli 沉淀反应

每个样品准备 2 支 Ascoli 反应管,分别加入 200 μL 炭疽沉淀素血清,然后将等量的待检样品抗原叠加于血清上方，垂直静置反应管，15 min 内判定结果。另外，设 3 个对照：一是阳性对照，将炭疽沉淀素血清和标准抗原进行反应；二是阴性对照，将炭疽阴性血清和标准抗原进行反应；三是空白对照，将炭疽沉淀素血清和 0.5%石炭酸生理盐水进行反应。

阳性对照应呈阳性反应，即两相液面交界处应出现清晰、致密如线的白色沉淀环时；阴性对照与空白对照应呈阴性反应，即液面交界处没有白色沉淀环出现。当对照试验成立时，方可判定检测结果。

当炭疽沉淀素血清与待检抗原液面交界处出现清晰而致密的白色沉淀环时，说明检测结果为阳性，若无沉淀环则为阴性；当液面交界处出现模糊、疏松、不明显的白色沉淀环，表示检测结果可疑，应对被检抗原进行第二次检测，如出现阳性或阴性反应时，则判定结果为阳性或阴性，如结果再次可疑则确定反应结果为阳性。

(三)分子生物学检验方法

炭疽杆菌的毒力因子荚膜和毒素都由质粒编码，毒素基因位于质粒 PXO1 上，荚膜基因位于质粒 PXO2 上。针对保护性抗原基因和荚膜基因设计引物，采用 PCR 方法对待测菌株进行相关序列扩增，若扩增结果显示毒素质粒 PXO1 和荚膜质粒 PXO2 同时阳性，说明待测菌株为强毒炭疽杆菌；毒素质粒 PXO1 或荚膜质粒 PXO2 任何一个阴性或同时阴性，说明待测菌株为无毒或弱毒炭疽杆菌。

第十三节　布鲁氏菌及其检验

布鲁氏菌(*Brucella*)是人兽共患的布鲁氏菌病病原体，牛、羊、猪等动物最易感染。我国流行的主要是羊、牛、猪 3 种布鲁氏菌，其中以羊布鲁氏菌病最为多见。该细菌主要感染怀孕动物，侵入生殖器官和网状内皮系统，并感染胚胎和胎儿，多导致胎儿死亡并流产，公畜感染主要表现为睾丸炎。布鲁氏菌在人与人之间传染机会极少，主要通过牲畜的皮肤、消化道、呼吸道等传染。人感染后潜伏期为 2～3 周，由于本菌具有荚膜，能抵抗吞噬细胞的吞噬，并能在该细胞内增殖，病人会反复出现菌血症，伴有发热、无力等症状，且呈波浪式发热，故在临床上称为波浪热。

人类接触带菌动物或食用病畜及其乳制品，均可被感染。布鲁氏菌病最危险之处是患畜几乎不表现症状，但能通过分泌物和排泄物(乳、精子、阴道分泌物、粪、尿)不断向外排菌，特别是随流产胎儿、胎衣和羊水排出大量病原菌，成为最危险的传染源。病畜的流产物、乳、肉、内脏、皮毛、分泌物、排泄物以及被污染的土壤、水和飞沫等都是引起人类布鲁氏菌病的重要因素，因此，进行肉食品、乳制品等食品的布鲁氏菌检验，具有重要的食品卫生学意义。

本菌在自然界中抵抗力较强，在病畜的脏器和分泌物中，一般能存活 4 个月，在食品中约能生存 2 个月，在胎衣中能存活 4 个月，在水、土、粪、尿中存活 3 个月，在皮毛上存活 1～4 个月，在冻肉中存活 2～7 周，在乳中存活 10 天至 1 年。因此生活和生产环境一旦遭病原污染，不论人或畜，在几个月内都有被感染的可能。本菌对低温的抵抗力也强，对热和消毒剂抵抗力弱，对链霉素、氯霉素和四环素等均敏感。

一、生物学特性

(一)形态染色与培养特性

布鲁氏菌初分离时为微小球杆菌，继代后，牛和猪布鲁氏菌可逐渐变为杆状，羊布鲁氏菌仍为小球杆状。常单个存在，平均大小为(0.6～1.5) μm×(0.5～0.7) μm。革兰染色阴性。不形成芽孢，无鞭毛，无动力。

光滑型布鲁氏菌有荚膜，可被所有碱性染料着色，不呈两极浓染。柯氏染色法(沙黄与孔雀绿对染)染色，本菌为鲜红色，其他杂菌被染成绿色。

本菌为专性需氧菌，但许多菌株初次分离时还需5%～10%的二氧化碳环境。生长的适宜温度为35～38℃，适宜pH 6.6～7.4。

布鲁氏菌的培养特点是生长缓慢，尤其在新分离株初次分离培养的48 h内罕见菌落形成，往往需要5～10 d甚至20～30 d，传代适应后48 h可见生长。对营养要求严格，需某些氨基酸、血清、血液或组织浸液。血清葡萄糖肉汤和血清葡萄糖琼脂可支持大多数布鲁氏菌株生长。

在肉肝汤中一般需2～3 d才可见生长。肉汤轻微混浊，无菌膜。1周后产生灰白色黏稠沉淀物。老龄培养物中有时可见菌环。

在肝汤琼脂上2～3 d后形成湿润、闪光、无色、表面隆起、边缘整齐的圆形小菌落。

在血液琼脂上菌落灰白，不溶血。在高层血清琼脂培养3～6 d后，牛型及绵羊型布鲁氏菌于琼脂表面0.5 cm处呈带状生长。而在马铃薯斜面上本菌生长良好，2～3 d后长出微棕黄色菌苔，色素溶于基质。

在外界环境因素影响下，布鲁氏菌可发生S-R变异，有时也可出现Ⅰ型变异。当发生S-R变异后，布鲁氏菌的多项特性均发生了改变(表4-27)。

表4-27 光滑型和粗糙型布鲁氏菌的特性比较

基本特点	S型(光滑型)	R型(粗糙型)
在琼脂培养基上生长	柔软、湿润	粗糙、黏稠、干燥
在肉汤中生长	均匀混浊、不透明	有糙状物沉淀、透明
菌落形态	圆形隆起、边缘整齐均匀，常有极细小的颗粒	圆形隆起不明显，有时边缘不整齐，有较大颗粒，常带有绿色
悬液中状态	均匀的悬液，稳定	不均匀的悬液，不稳定
变异检查试验	阴性	阳性
凝集原性	良好	不好
毒力和免疫原性	有毒力，有免疫原性	丧失毒力和降低免疫原性

(二)生化特性

多数菌株可分解葡萄糖、半乳糖、阿拉伯糖等,但分解能力低,产酸少,很难检测。本菌不液化明胶;不产生靛基质;不凝固牛乳;能还原硝酸盐为亚硝酸盐;接触酶阳性;MR 试验和 V-P 试验阴性;硫化氢试验不定。

(三)血清学特性

本菌抗原结构非常复杂,迄今尚未完全研究清楚。就目前研究结果,布鲁氏菌有表面抗原(A、M、R)、亚表面抗原和深部抗原 3 类。

1. A、M 抗原

光滑型菌株的表面抗原主要是 A(流产型)和 M(马耳他型)抗原,为细胞壁脂多糖的大分子复合物,既是这些细菌的凝集原,也是种和型鉴定的重要依据。流产布鲁氏菌 A∶M 为 20∶1,马耳他布鲁氏菌为 1∶20,猪布鲁氏菌则为 4∶1。

2. R 抗原

非光滑型菌株除 A、M 抗原外,均还具有 R 抗原,为细胞壁上低蛋白质含量的脂多糖复合物。绝大多数非光滑型菌株的 R 抗原是相同的,其抗血清可与羊布鲁氏菌和犬布鲁氏菌发生凝集,而不与光滑型布鲁氏菌凝集。

除上述抗原之外,还存在着一些次要的抗原,如存在于光滑型和某些非光滑型菌株的“天然半抗原”,此多糖成分在高氯化钠条件下可与患布鲁氏菌病动物的血清发生沉淀,常用于血清学诊断。多糖 B 半抗原也可用于鉴别动物感染。

布鲁氏菌不仅在属内不同种之间存在交叉反应,而且与不同属的多种细菌如小肠结肠炎耶尔森菌、大肠杆菌、沙门氏菌、霍乱弧菌、土拉杆菌、假单胞菌、钩端螺旋体等均存在交叉反应,这给布鲁氏菌的血清学鉴定带来了一定困难。在检验中,可用半胱氨酸、2-巯基乙醇等处理血清以减少或消除交叉反应;如不能完全消除,可用抗原吸收技术进行处理。布鲁氏菌属各生物种的特征见表 4-28。

除羊布鲁氏菌和犬布鲁氏菌(仅发生于非光滑型)外,均为光滑型菌株的结果。

(四)布鲁氏菌种和型的划分

1. 种的划分

根据布鲁氏菌的噬菌体裂解试验、生化特性及易感宿主等,将该属细菌分为 6 个生物种,即马耳他布鲁氏菌(*Br. melitensis*)、流产布鲁氏菌(*Br. abortus*)、猪布鲁氏菌(*Br. suis*)、绵羊布鲁氏菌(*Br. ovis*)、沙林鼠布鲁氏菌(*Br. Meotomae*)和犬布鲁氏菌(*Br. canis*)。其中马耳他布鲁氏菌即原来的羊布鲁氏菌,流产布鲁氏菌即牛布鲁氏菌,而羊布鲁氏菌原来称为绵羊附睾布鲁氏菌。

2. 生物型的划分

根据对二氧化碳的需要、硫化氢产生、染料抑制试验、单相血清凝集等,把布鲁氏菌分为 20 个生物型,见表 4-29。

表 4-28　布鲁氏菌属各生物种的特征

种	RTD 噬菌体裂解						氧化代谢分解														带菌动物
	Tb	Wb	Fi	Bk2	R/O	R/C	*L* 丙氨酸	*L* 谷胺酰胺	*L* 谷氨酸	*L* 阿拉伯糖	*D* 半乳糖	*D* 核糖	*D* 葡萄糖	*D* 木糖	*L* 精氨酸	*DL* 瓜氨酸	*DL* 乌氨酸	*L* 赖氨酸	苏糖醇	
1. 马耳他布鲁氏菌	NL	NL	NL	L	NL	NL	±	±	±	—	—	—	±	—	—	—	—	—	±	绵羊、山羊
2. 流产布鲁氏菌	L	L	L	L	PL	NL	±	±	±	±	±	±	±	d	—	—	—	—	±	牛
3. 猪布鲁氏菌																				
1 型	NL	L	PL	L	NL	NL	d	—	—	±	d	±	±	±	±	±	±	±	±	猪
2 型	NL	L	PL	L	NL	NL	—	d	d	±	d	±	±	±	±	±	±	—	±	猪、野兔
3 型	NL	L	PL	L	NL	NL	d	—	d	—	—	±	±	±	±	±	±	±	±	猪
4 型	NL	L	L	L	NL	NL	—	—	d	—	—	±	±	±	±	±	±	±	±	驯鹿
4. 羊布鲁氏菌	NL	NL	NL	NL	L	L	d	±	±	—	—	—	—	—	—	—	—	—	—	绵羊
5. 沙林鼠布鲁氏菌	PL	L	L	L	NL	NL	d	±	±	±	±	d	±	—	—	—	—	—	±	沙林鼠
6. 犬布鲁氏菌	NL	NL	NL	NL	L	L	d	—	±	d	d	±	±	—	±	±	±	±	d	犬

注：NL 不裂解；L 裂解；PL 部分裂解；± QO_2 值=50；—QO_2 值在菌株间有差异。

表 4-29　布鲁氏菌属各生物型的区别

生物种	生物型	对 CO_2 的需要	H_2S 产生	在染料培养基上生长 a		单相血清凝集		
				硫堇	碱性品红	A	M	R
马耳他布鲁氏菌	1	—	—	±	±	—	±	—
	2	—	—	±	±	±	—	—
	3	—	—	±	±	±	±	—
流产布鲁氏菌	1	(±)	±	—	±	±	—	—
	2	(±)	±	—	—	±	—	—
	3b	(±)	±	±	±	±	—	—
	4	(±)	±	—	±	—	±	—
	5	—	—	±	±	—	±	—
	6b	—	(—)	±	±	±	—	—
	7	—	(±)	±	±	±	±	—
	8	±	—	±	±	—	±	—
	9	—	±	±	±	—	±	—

注：±所有菌株阳性；(±)大多数菌株阳性；—全部菌株阴性；(—)大多数菌株阴性。a 染料浓度为 1∶5 万(*W*/*V*)；b 硫堇浓度为 1∶2.5 万(*W*/*V*)时，生物 3 型为阳性，生物 6 型为阴性；c 可在含硫堇 1∶15 万(*W*/*V*)浓度下生长。

二、布鲁氏菌检验方法

由于布鲁氏菌病的临床表现不典型，难以与其他疾病区别，因此，实验室检验意义重大。包括细菌学检查、血清学试验和变态反应诊断等。

(一)检样的采集与处理

采集人的血液、骨髓、尿液及病畜流产胎儿或胎儿内容物、羊水、胎盘坏死部分、阴道分泌物及乳汁和尿等作为检样。

(二)检验

1. 检验程序

布鲁氏菌的检验程序见图 4-17。

2. 细菌的分离培养与鉴定

在布鲁氏菌的分离培养和鉴定过程中，首先要注意安全，防止人员感染和环境污染，其次在首次分离时要特别注意使培养条件满足布鲁氏菌的营养要求。

(1)细菌的分离培养。未被污染的样品可直接接种于 SDA(血清葡萄糖琼脂)，污染样品则接种在选择培养基(加有抗生素的 SDA)上。培养须在 37℃，必要时补充 5%～10%的二氧化碳。若被检样品是血液、精液或乳汁，因其含菌量少，可先接种豚鼠或小鼠，皮下或腹腔

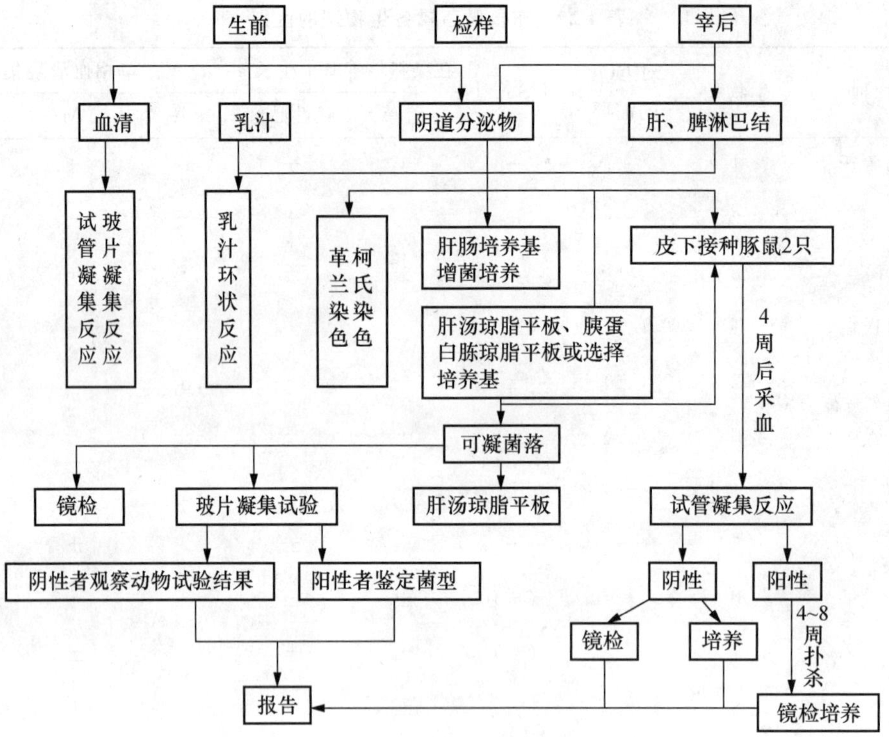

图 4-17　布鲁氏菌的检验程序

注射，豚鼠接种 1 mL，小鼠接种 0.5 mL，小鼠感染后 20 d、豚鼠接种后 30 d 解剖取脏器培养增菌，这种方法对分离马耳他布鲁氏菌、流产布鲁氏菌和猪布鲁氏菌比较理想；也可将检样接种于含 2%柠檬酸钠和抗生素的 SDB(沙氏葡萄糖液体培养基)中，经 37℃培养 2～3 d(必要时补充 5%～10%的二氧化碳)后再于 SDA 上分离培养约 6 d，直到出现可见菌落。分离犬布鲁氏菌时，可通过接种 6～8 d 鸡胚卵黄囊进行增菌，然后接种于合适培养基。

(2)布鲁氏菌的鉴定分型。在必要时进行布鲁氏菌的鉴定分型。常规方法有：二氧化碳需求的检查，硫化氢产生量的测定，染料抑菌试验，A、M、R 血清凝集试验，Tb 噬菌体裂解试验。鉴定分型情况如表 4-30 所示。

3. 血清学检验

用血清学试验诊断人、畜布鲁氏菌病仍是当前主要手段。常用的方法有 10 多种，其中用于人布鲁氏菌病诊断的主要有试管凝集试验、二巯基乙醇试管凝集试验、抗球蛋白试验和补体结合反应；用于动物诊断的主要方法是试管凝集试验、平板凝集试验、虎红平板凝集试验和琼脂扩散试验等。

(1)平板凝集试验(PAT)。

①备方形洁净的玻璃板，划成 25 个方格，横数 5 格，纵数 5 格，第 1 列各格写下血清号码。

②用 0.1 mL 吸管按下列剂量加受检血清于任何一行(横格)的各格中：第 1 格 0.08mL，第 2 格 0.04 mL，第 3 格 0.02 mL，第 4 格 0.01 mL。

③加平板凝集抗原 0.03 mL 于各血清格中，用牙签混合，由血清量最小的格混起，每份

血清用一根牙签混合即可,用后烧毁。

④混匀后将玻璃板置于酒精灯火焰或凝集反应箱上,均匀加温,使其达到30℃左右,5 min内记录反应结果。

⑤每次试验用阴、阳性血清各1份作对照。

⑥按下列标准用加号记录反应强度。人、牛、马和骆驼的血清0.02 mL出现++及以上凝集程度判为阳性,0.04 mL出现++及以上凝集程度判为可疑;绵羊、山羊、猪和犬的被检血清0.04 mL出现++及以上凝集程度判为阳性,0.08 mL出现++及以上凝集程度判为可疑。(++++:出现大的凝集片或小的粒状物,液体完全透明,100%凝集。+++:有明显的凝集片,液体几乎完全透明,75%凝集。++:有可见的凝集片,液体不甚透明,50%凝集。+:液体混浊,只有少量粒状物,25%凝集。-:液体均匀混浊。)

(2)虎红平板凝集试验(RBPT)。在玻片上加0.03 mL被检血清,然后加入虎红平板抗原0.03 mL,摇匀或用牙签混匀,在5 min内判定结果。判定凝集程度(-至++++)同平板凝集反应,亦可只分为阳性(+)、阴性(-)两类。

(3)试管凝集试验(SAT)。

①被检血清的稀释。在一般情况下,每份血清用5支小试管(口径8~10 mm),第1管加入2.3 mL石炭酸生理盐水,第2管不加,第3管、4管、5管各加0.5 mL石炭酸生理盐水。用1 mL吸管吸取被检血清0.2 mL,加入第1管中,混匀。混匀后,以该吸管吸取第1管中血清加入第2管和第3管各0.5 mL,以该吸管将第3管混匀,并吸取0.5 mL加入第4管,混匀。再从第4管吸取0.5 mL,弃去。如此稀释后,从第2管到第5管血清稀释度分别为1∶12.5,1∶25,1∶50,1∶100。

②加入抗原。先以0.5%石炭酸生理盐水将抗原原液作适当稀释(一般是作1∶10稀释)。

稀释后的抗原加入各稀释的血清管(第1管不加,作为血清对照),每管加0.5 mL,混匀。加入抗原后,每管总量1 mL,血清稀释度从第2管至第5管分别为1∶25,1∶50,1∶100和1∶200,从第1管再吸出0.5 mL,剩1 mL。

③对照。阴性血清对照:血清稀释后加抗原(与被检血清对照相似);阳性血清对照:其血清稀释到原有滴度,再加抗原;抗原对照:适当稀释的抗原加石炭酸生理盐水。

④判定比浊管制备。每次试验须配制比浊管作为判定的依据。配制方法是:取本次试验用的抗原稀释液5~10 mL,加入等量的0.5%碳酸盐溶液作倍比稀释,按《布鲁氏菌病诊断标准》(WS 269—2007)表A1配制比浊管。

⑤全部试验管、对照管及比浊管充分振荡后置37℃温箱中20~22 h,取出后室温放置2 h,然后以比浊管为标准判定结果。

⑥记录结果。根据各管中上层液体的清亮度记录结果。特别是50%清亮度(++)对判定结果关系较大,一定要与比浊管对比判定。确定每份血清滴度是以出现(++)及以上的凝集现象的最高血清稀释度。牛、马、骆驼和人的被检血清凝集价1∶100判为阳性,1∶50判为可疑;绵羊、山羊、猪和犬的被检血清凝集价1∶50判为阳性,1∶25判为可疑。(++++:完全凝集,上层液100%清亮。+++:几乎完全凝集,上层液75%清亮。++:显著凝集,液体50%清亮。+:有微量凝集,液体25%清亮。-:无凝集,液体不清亮。)

(4)抗人免疫球蛋白试验(Coomb's反应)。本方法适用于检查人、畜慢性病例血清中的不完全抗体，反应特异性较高。

①试管凝集试验阶段。按(3)进行试管凝集试验。

②抗人免疫球蛋白的反应阶段。选取试管凝集试验的可疑反应管及全部阴性反应管，记录管号，经4 000 r/min离心15 min，用生理盐水反复洗涤3次，然后向各管中加入生理盐水0.5 mL，以及一定稀释度(一般是1∶20倍稀释)的抗人免疫球蛋白血清，混匀，将反应管置37℃温箱中20～22 h，取出室温放置2 h后判定结果。

③判定。判定结果的标准、程度均同试管凝集试验。

(5)补体结合试验(CFT)。此法是诊断慢性布鲁氏菌病的一种可靠有效方法，特异性和敏感性均高于凝集反应，但操作复杂，只在特殊情况下应用。

①补体滴定。在进行CFT时，必须当天滴定补体，将补体用生理盐水稀释为1∶20，通常在10支凝集管中分别依次加入不同量的1∶20稀释补体0.02～0.2 mL，然后各管中加入2个单位的抗原液0.2 mL，再用生理盐水把各管补至0.6 mL，混匀后放37℃水浴中30 min，再加0.2 mL的溶血素(2个单位)和2%红细胞0.2 mL，混匀，置37℃水浴中30 min，判定结果。以产生完全溶血且和补体量最少管为一个实用单位，其前一管为一个完全单位。在正式试验时采用2个完全单位的补体量。

②溶血素及抗原滴定。在进行CFT时，溶血素和抗原亦需滴定，但不必在试验当天进行；如果市售试剂已滴定，则按说明稀释即可。

③被检血清灭活。血清灭活补体的温度是56℃，时间为30 min。

④CFT试验。灭活后的被检血清从1∶5稀释开始，然后作倍比稀释，每管中稀释血清量为0.2 mL，再向各管中加2个单位抗原0.2 mL，2个单位补体量0.2 mL，混匀，置37℃水浴中30 min，取出后向各管加0.4 mL的溶血素，再放37℃水浴中作用30 min，判定结果。

⑤判定。++++：无溶血，SRBC沉于管底或悬浮。+++：25%溶血。++：50%溶血。+：75%溶血。-：100%溶血。以50%(++)及以上不溶血确定CFT的滴度。

除上述方法外，还可采用免疫荧光试验、ELISA及乳汁环状试验等。在人布鲁氏菌病的早期诊断、普查及追溯诊断中，还经常应用变态反应。感染者发病20～25 d后可出现阳性反应，并可维持10年以上，隐性感染、患病痊愈及接种菌苗的个体，也可较长时间出现阳性反应。

此外，一些分子生物学技术如DNA(G+C)mol%含量的测定及DNA同源性分析、聚合酶链式反应(PCR)等也逐渐应用于布鲁氏菌病的检验和诊断。

第十四节　结核分枝杆菌及其检验

结核分枝杆菌(*M. tuberculosis*)俗称结核杆菌，属于分枝杆菌属，可引起人、牛(主要是奶牛)、猪、禽类的结核病。该菌属是一类细长略弯曲的微生物，有时有分枝或出现丝状体。目前在分类学上已将分枝杆菌属归纳于放线菌中。

牛分枝杆菌主要引起牛结核病。牛常见的结核病是肺、乳房、淋巴结结核，有时可见肠、生殖器、浆膜结核及全身性结核。牛分枝杆菌对猪也有致病性，主要表现为淋巴结核，最常患病的部位是颌下、咽、颈及肠系膜淋巴结。禽类主要对禽分枝杆菌敏感，受侵害的器官是肝、脾及其他内脏。人的结核以肺结核最为常见，此外有淋巴结核、肠结核、骨结核等。据估计，有1/3世界人口感染结核分枝杆菌。WHO报道，每年约有800万新病例发生，至少有300万人死于该病。

世界上有些地区因艾滋病、吸毒、免疫抑制剂的应用、酗酒和贫困等原因，发病率又有上升趋势。人除通过呼吸道途径外，还可通过动物食品尤其是污染的牛乳经消化道而感染结核病，病畜肉对人也有一定威胁。因此，检测牛乳或肉食品中的结核分枝杆菌污染以及奶牛等畜禽的结核病具有重要意义，是预防人类结核病的重要环节。

一、生物学特性

(一)形态与染色特性

结核分枝杆菌为细长略带弯曲、两端钝圆的杆菌，长1～4 μm，宽0.2～0.5 μm。牛分枝杆菌则比较粗短。无芽孢，无动力。在陈旧培养物或干酪化的淋巴结中可看到分枝状。分枝杆菌属的细菌细胞壁脂质含量较高，约占干重的60%，特别是有大量分枝菌酸包围在肽聚糖层的外面，可影响染料的穿入，若经加温或延长染色时间而着色后能抵抗强脱色剂盐酸乙醇的脱色，故又称抗酸杆菌。分枝杆菌一般用齐-尼抗酸染色法，以5%石炭酸复红加温染色后可以染上，但用3%盐酸乙醇不易脱色。若再加用美蓝复染，则分枝杆菌呈红色，而其他细菌和背景中的物质为蓝色。

近年发现结核分枝杆菌在细胞壁外尚有一层荚膜，一般因制片时遭受破坏而不易看到。若在制备电镜标本固定前用明胶处理，可防止荚膜脱水收缩。在电镜下可看到菌体外有一层较厚的透明区，即荚膜，荚膜对结核分枝杆菌有一定的保护作用。

(二)培养特性

结核分枝杆菌为专性需氧菌。最适温度为37℃，低于30℃不生长。对营养要求较高，必须在含有血清或卵黄、某些无机盐和碳源(葡萄糖、甘油及丙酮酸钠)的特殊培养基上才能生长。即使在最适条件下生长仍很缓慢，需10～20 d才能在固体培养基上出现可见菌落。常用的有罗氏(Lowenstein-Jensen)固体培养基，内含蛋黄、甘油、马铃薯、无机盐和孔雀绿等，其中孔雀绿可抑制杂菌生长，便于结核分枝杆菌的分离和长期培养；蛋黄含脂质生长因子，能刺激生长。菌落为浅黄色，小而干燥，不透明，表面粗糙、皱缩，形似菜花心。在液体培养基中一般1～2周即可生长，可形成菌膜，加入吐温-80(Tween-80)等表面活性剂，则可提高细菌生长率，并使其均匀生长。

(三)生化特性

各型分枝杆菌均不发酵糖类，人型和牛型菌株能产生尿素酶。人型菌株还可还原硝酸盐，能产生烟酸。结核分枝杆菌大多数触酶试验阳性，而热触酶试验阴性。人结核分枝杆菌和牛分枝杆菌、禽分枝杆菌的特性比较见表4-30。

(四)抵抗力

本菌对干燥的抵抗力特别强。黏附在尘埃上可保持传染性8～10 d，在干燥的痰液中可存活6～8个月。结核分枝杆菌细胞壁中含有脂质，故对乙醇敏感，在70%乙醇中2 min死亡。结核分枝杆菌对紫外线敏感,直接日光照射数小时可被杀死,可用于结核患者衣服、书籍等消毒。对常用消毒剂如石炭酸有较强的抵抗力。在4%氢氧化钠、3%盐酸或6%硫酸中30 min活力不受影响(因此可用此法进行有杂菌污染检样的预处理)。对湿热敏感,经60℃、30 min或80℃、5 min死亡,巴氏消毒法可有效杀死本菌。结核杆菌对1∶13 000孔雀绿有抵抗力,加在培养基中可抑制杂菌生长。

表4-30 结核分枝杆菌和牛分枝杆菌、禽分枝杆菌的特性比较

	结核分枝杆菌	牛分枝杆菌	禽分枝杆菌
脲酶	±	±	—
吡嗪酰胺酶	±	—	±
硝酸盐还原	±	—	—
酸性磷酸酶	±	±	—
接触酶(耐68℃)	—	±	±
吐温水解(10 d)	—	—	—
42℃生长	±	—	±
抗抑剂			
对硝基苯甲酸(0.5 mg/mL)	—	—	±
对氨基水杨酸(1 Pg/mL)	±	±	±
噻吩二羧酸酰肼(1 Pg/mL)	±	—	±
异烟肼(如g/mL)	—	—	±

注:+表示阳性;—表示阴性;±表示部分阳性。

二、结核分枝杆菌检验方法

(一)检样的收集与处理

可采集病变组织、痰液、尿液、脓汁、胸腹水、牛乳等作为检样,直接检查或先浓缩集菌再做检查。

病变组织标本研成乳浆后,按1∶5加入3.5%氢氧化钠消化1~4 h,离心,取沉淀适当稀释即为检样。

液体样品可用4%氢氧化钠、3%盐酸或6%硫酸处理,杀死污染杂菌,然后离心,浓缩集菌。

(二)标准检验

结核分枝杆菌的标准检验包括显微镜检查、细菌培养、动物试验、结核菌素试验等。其检验程序见图4-18。

1. 显微镜检查

用检样制涂片,进行齐-尼抗酸染色和革兰染色,镜检。若被检材料是痰液或病灶,则检出革兰阳性的抗酸菌即可初步判断;而在牛乳、粪便、尿液中检出抗酸菌,必须再进一步鉴定。为加强染色,可用IK(intensifiedkinyoun)法染色。用石炭酸复红染色过夜,用0.5%盐酸乙醇脱色30 s,则包括大多结核分枝杆菌L型也可着色。为提高镜检敏感性,也可用金胺

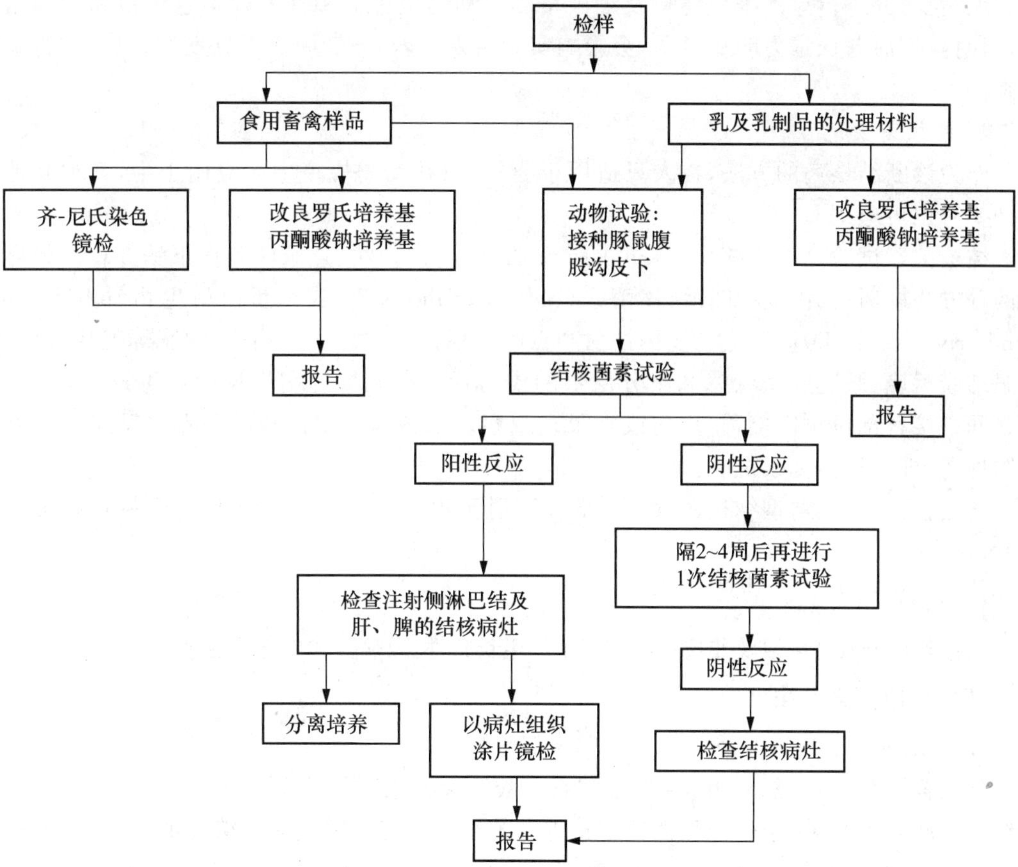

图 4-18　结核分枝杆菌的检验程序

染色,在荧光显微镜下结核分枝杆菌呈现金黄色荧光。

2. 细菌检查

(1)浓缩集菌。先集菌后检查,可提高检出率。培养与动物试验也必须经集菌过程以除去杂菌。脑脊液和胸、腹水无杂菌,可直接离心沉淀集菌。痰、支气管灌洗液、尿、粪等污染标本需经 4%氢氧化钠(痰和碱的比例为 1∶4,尿、支气管灌洗液和碱的比例为 1∶1)处理 15 min,时间过长易致结核分枝杆菌 L 型与非结核分枝杆菌死亡。尿标本先加 5%鞣酸、5%乙酸各 0.5 mL 于锥形量筒内静置,取沉淀物处理。处理后的材料再离心沉淀。取沉淀物做涂片,染色镜检。若需进一步做培养或动物接种,应先用酸中和后再离心沉淀。

(2)固体培养法。取检样接种于固体培养基,分别置暗处和有光处,37℃培养 4～8 周后观察。根据生长快慢、菌落特性、色素产生情况及抗酸性强弱做出判断。如培养特性不典型,则须进一步鉴定。

(3)玻片培养法。检样经浓缩集菌后,涂布于灭菌小玻片上(不固定),置于有血液或血清的液体培养基中,37℃培养 5～7 d,取出染色检查。

3. 动物试验

分离细菌、测定毒力及分型时均可应用。常用豚鼠或地鼠。将检样注射于腹股沟皮下,3～4 周后如发现局部淋巴结肿大或结核菌素试验阳性,即可剖检,观察淋巴结、肺、肝等脏器有无病变，并进行涂片染色镜检及细菌培养。动物接种的阳性率较染色镜检和细菌培养高，但耐异烟肼菌株毒力明显减弱，会影响实验结果。若6～8周仍不见发病，也应进行解剖检查。

4. 结核菌素试验

作为诊断结核病的方法，在人只适用于婴幼儿；在动物检疫中多应用于牛，鸡和其他动物必要时也可应用。

结核菌素试验是牛结核病检疫时的主要方法，有皮内法、点眼法和皮下法3种。最好将前两种方法同时并用，即用旧结核菌素（oldtuberculin，OT）或纯蛋白衍生物（purifiedproteinde-rivative，PPD）同时进行皮内注射和点眼。根据注射部位的热痛、肿胀等炎症反应，以及眼结膜反应、眼睑肿胀状态和眼分泌物的质与量进行判断。阴性反应和可疑牛，于72 h后在同一接种部位再次接种（皮内或点眼）、观察。结核菌素皮内接种和点眼反应任一方法呈阳性者，即为结核菌素试验阳性。

禽类检疫时，用禽型结核菌素0.1 mL注射于鸡的肉垂内，以48 h出现肿胀和发红为阳性。

（三）鉴别诊断

根据各型分枝杆菌以及非典型分枝杆菌的生长特性、致病性和生化特性进行鉴别（表4-31）。

（四）其他检验方法

1. 荧光染色法

将检样涂片固定，然后用0.1%金胺石炭酸溶液染色，再用3%盐酸乙醇脱色，最后以美蓝饱和乙醇溶液复染，于荧光显微镜下检查。若视野中有黄绿色明亮荧光的杆菌，即可做初步判断。该法比常规抗酸染色法检出率高。

2. 生化试验

生化试验是鉴定分枝杆菌的快速方法，主要包括烟酸试验、硝酸盐还原试验、过氧化氢酶试验、脲酶试验及p-葡萄糖苷酶试验等。不同型分枝杆菌的生化特性见表4-31。

3. 血清学试验

血清学方法如间接血凝试验、ELISA、放射免疫测定、免疫荧光等，其中ELISA是目前检测结核病抗体的最好方法，对人的活动性结核检出率为55%～90%，对动物结核的检出率为50%～60%。

4. PCR快速诊断

一般涂片检查菌数需$(5\times10^3)\sim(5\times10^4)$/mL，培养需$1\times10^2$/mL，标本中菌数少于此数时不易获得阳性结果，且培养需时较长。目前已将聚合酶链式反应（PCR）扩增技术应用于结核分枝杆菌DNA鉴定，每毫升中只需含几个细菌即可获得阳性结果，且1～2 d得出结果。操作中需注意实验器材的污染问题，以免出现假阳性。细菌L型由于缺壁并有代偿性细胞膜增厚，而一般常用的溶菌酶不能使细胞膜破裂释出DNA，以致造成PCR假阴性。用组织磨碎器充分研磨使细胞破裂后，则可出现阳性结果。

表 4-31　各型分枝杆菌及非典型分枝杆菌的鉴别

检查项目		人型	牛型	禽型	鼠型	冷血动物型	非典型分枝杆菌
培养特性	最适温度	37～41℃	37～41℃	43℃	37℃	20℃	22℃或 37℃
	生长速度	慢	最慢	较快	最慢	较快	很快
	甘油(0.75%)促生长作用	刺激生长	无作用或抑制生长	刺激生长	抑制生长	刺激生长	无作用
	液体培养表现	厚、皱菌膜，初期 pH 下降，后期升高	厚菌膜，碱性反应	黏性菌膜，细粒状沉淀，碱性反应	菌落半圆形，白色，生长甚贫瘠	底部呈厚膜状生长	生长丰富，表面膜状，底部粗粒状沉淀
	固体培养表现	菌落粗，干，生长较丰富	菌落粗，干，生长贫瘠	菌落光滑，湿润，呈乳脂状		菌落光滑，生长丰富	菌落干燥，细粒状不规则隆起，常具色素，生长丰富
免疫学特性	抗原性	纯一	与人型同	不同于人型	与人型同	与人型不同	与分枝杆菌不同
	结核菌素	相同	相同	不同	相同	不同	不同

第十五节　单核细胞增生李斯特菌检验

单核细胞增生李斯特菌归属于李斯特菌属。该菌属还包括绵羊李斯特菌、英诺克李斯特菌、威尔斯李斯特菌、西尔李斯特菌、格氏李斯特菌和默氏李斯特菌，其中，单核细胞增生李斯特菌是代表种，是李斯特菌属中唯一对人致病的病菌。李斯特菌病自然发病多见于绵羊、猪、家兔，多种野兽、野禽、啮齿动物特别是鼠类都易感，且常为本菌的贮存宿主。实验动物中，家兔和小鼠易感性最强，豚鼠和大鼠次之。

一、单核细胞增生李斯特菌生物学特性

(一)形态与染色特性

该菌为革兰阳性短杆菌，有的菌体略弯曲，两端钝圆，大小为宽 0.4～0.5 μm，长 0.5～2.0 μm；多单在，有时呈“V”字形排列。无芽孢，不产生荚膜。在陈旧培养物中或粗糙型菌落的菌体长度可达 6～20 pm 或更长的丝状。在 20～25℃培养时可产生 2～4 根鞭毛而运动，但在 37℃培养时鞭毛发育不良，无运动性。

(二)生化与培养特性

该菌接触酶阳性，氧化酶阴性。在 37℃中培养 24 h 能发酵多种糖类，产酸不产气，如发酵葡萄糖、果糖、海藻糖、乳糖、鼠李糖、麦芽糖、山梨糖，不发酵木糖、阿拉伯糖、棉籽糖、蔗糖、甘露醇、菊糖、纤维二糖和侧金盏花醇。不利用枸橼酸盐，不还原硝酸盐，不产生靛基质和硫化氢。甲基红及 V-P 试验呈阳性，不液化明胶和凝固血清，可水解七叶苷和马尿酸钠。

本菌需氧或兼性厌氧，最适温度为 30～37℃，对营养要求不高，可在普通琼脂培养基中生长。在营养琼脂培养基中培养 24～48 h 后，可见圆形、露滴状半透明、低隆起、边缘整齐、表面有细致纹理的蓝灰色菌落。在血液琼脂培养基上，可形成狭窄的溶血环，常不超出菌落边缘，移去菌落才可见。弱溶血或疑似溶血菌株可用协同溶血试验鉴定，在金黄色葡萄球菌溶血区内，溶血性李斯特菌划线处有明显的溶血现象。在含 0.25%琼脂、8.0%明胶及 1.0%葡萄糖的半固体培养基中穿刺接种，37℃培养 24 h，可看到沿穿刺线呈云雾状，随后缓慢扩散，在培养基表面下 3～5 mm 处呈伞状。在液体培养基中培养 18～24 h 后，肉汤呈轻度均匀混浊，数天后形成黏稠沉淀附着于管底，摇动时沉淀呈螺旋状，继续培养可形成颗粒状沉淀。不形成菌环、菌膜。在 4℃可缓慢增殖，形成菌落约需 7 d。

(三)抗原构造

本菌具有菌体(O)抗原和鞭毛(H)抗原。根据不同的抗原组合，将单核细胞增生李斯特菌分成 13 个血清型。

由于李斯特菌与多种细菌(葡萄球菌、肠球菌及大肠埃希菌等)有共同抗原成分，因此在进行血清学诊断时，要使用经过适当吸收的血清。

二、单核细胞增生李斯特菌公共卫生

(一)流行病学

李斯特菌是一种细胞内寄生菌，它不仅可能存在于肉类产品中，也可能存在于乳制品、蔬菜、沙拉及海产品等日常食物中。

李斯特菌广泛分布于自然界中，在土壤、排污下水、地表水、青贮饲料、烂菜中均可分离到。健康人粪便中该菌的携带率为 0.6%～16%，水产品、奶及其制品、肉制品及家禽均有一定比例的污染。自然感染的传播途径包括消化道、呼吸道、眼结膜以及皮肤损伤。该菌对理化因素抵抗力较强，在土壤、粪便、青贮饲料和干草内能长期存活。能在 1～45℃的温度下生存，能在家用冰箱的冷藏室内生长、繁殖。对碱和盐的抵抗力强。常规的巴氏消毒法不能杀灭它，60～70℃经 30 min 才能杀死此菌。该菌体外试验对青霉素、氨苄青霉素、四环素均敏感，对土霉素敏感性差，对磺胺、枯草杆菌素和多黏菌素有抵抗力。

(二)致病机理

单核细胞增生李斯特菌的动物感染谱非常广泛，家畜中以绵羊、猪发病较多，家禽以鸡、火鸡、鹅发病较多，人主要通过食用被污染的食物而引起发病。当单核细胞增生李斯特菌随着污染的食物进入消化系统后，穿过小肠上皮细胞，通过淋巴循环和血液循环到达肝脏和脾脏等器官，在一些毒力因子的作用下进入肝细胞等非吞噬性细胞或直接被吞噬细胞吞噬后裂解吞噬体膜，在宿主细胞胞浆内增殖，并通过运动向临近细胞扩散，如此反复，最终导致人或动物发病。

(三)感染症状

本菌主要引起致死性的脑膜炎和脓毒症，孕妇流产和新生儿细菌性脑炎。此菌的致病力强，尤其是免疫缺陷病人感染后，病死率可高达 30%～70%。近几年来，李斯特菌病已呈世界性分布，北美和西欧等许多地方人食源性李斯特菌病日渐增多，且引起多起病人的死亡。因此，食品中存在的单核细胞增生李斯特菌对人类的安全具有危险性，如今已有 20 多个国家将其列为食品致病菌。

三、单核细胞增生李斯特菌检验方法

(一)标准检验方法(图 4-19)

1. 增菌

以无菌操作取样品 25 g(mL)加入含有 225 mL LB_1 增菌液的均质袋中，在拍击式均质器上连续均质 1～2 min；或放入盛有 225 mL LB_1 增菌液的均质杯中，8 000～10 000 r/min 均质 1～2 min。于(30±1)℃培养 24 h，移取 0.1 mL，转种于 10 mL LB_2 增菌液内，于(30℃±1)℃培养 18～24 h。

2. 分离

取 LB_2 二次增菌液划线接种于 PALCAM 琼脂平板和李斯特菌显色平板上，于(36±1)℃

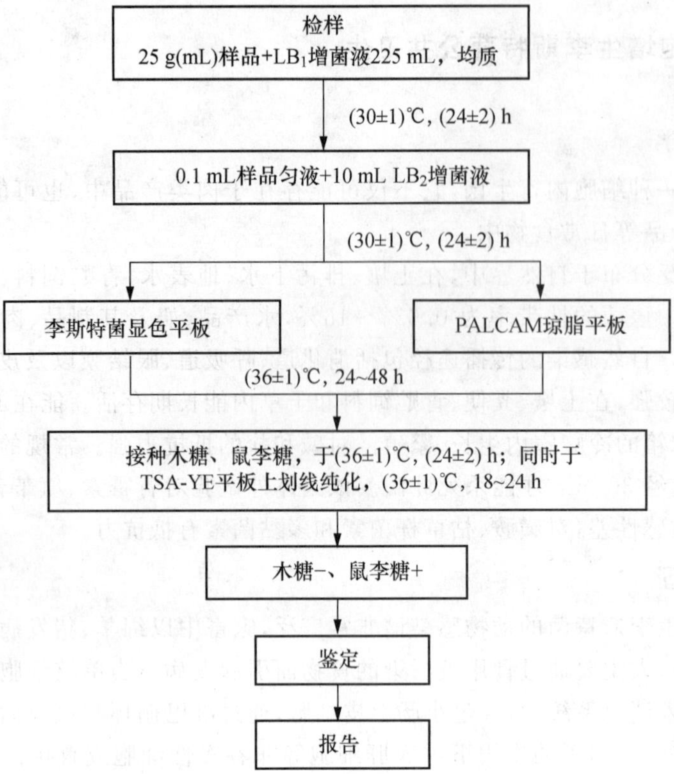

图 4-19 单核细胞增生李斯特菌的检验程序

培养 24～48 h，观察各个平板上生长的菌落。典型菌落在 PALCAM 琼脂平板上为小的圆形灰绿色菌落，周围有棕黑色水解圈，有些菌落有黑色凹陷；典型菌落在李斯特菌显色平板上的特征，按照产品说明进行判定。

3. 初筛

自选择性琼脂平板上分别挑取 3～5 个典型或可疑菌落，分别接种木糖、鼠李糖发酵管，于(36±1)℃培养(24±2) h；同时在 TSA-YE 平板上划线，于(36±1)℃培养 18～24 h，选择木糖阴性、鼠李糖阳性的纯培养物继续进行鉴定。

4. 鉴定

(1)染色镜检。李斯特菌为革兰阳性短杆菌，大小为(0.4～0.5) μm×(0.5～2.0) μm；用生理盐水制成菌悬液，在油镜或相差显微镜下观察，该菌出现轻微旋转或翻滚样的运动。

(2)动力试验。挑取纯培养的单个可疑菌落穿刺半固体或 SIM 动力培养基，于 25～30℃培养 48 h，李斯特菌有动力，在半固体或 SIM 培养基上方呈伞状生长，如伞状生长不明显，可继续培养 5 d，再观察结果。

(3)生化鉴定。挑取纯培养的单个可疑菌落，进行过氧化氢酶试验，过氧化氢酶阳性反应的菌落继续进行糖发酵试验和 MR-VP 试验。单核细胞增生李斯特菌的主要生化特征见表 4-32。

(4)溶血试验。将新鲜的羊血琼脂平板底面划分为 20～25 个小格，挑取纯培养的单个可疑菌落刺种到血平板上，每格刺种一个菌落，并刺种阳性对照菌(单核细胞增生李斯特菌、伊氏李斯特菌、斯氏李斯特菌)和阴性对照菌(英诺克李斯特菌),穿刺时尽量接近底部,但不要触到底面,同时避免琼脂破裂,(36±1)℃培养 24～48 h,于明亮处观察,单核细胞增生李斯特菌呈现狭窄、清晰、明亮的溶血圈,斯氏李斯特菌在刺种点周围产生弱的透明溶血圈,英诺克李斯特菌无溶血圈,伊氏李斯特菌产生宽的、轮廓清晰的 β-溶血区域,若结果不明显。可置 4℃冰箱 24～48 h 再观察。

表 4-32 单核细胞增生李斯特菌的主要生化特征

菌种	溶血反应	葡萄糖	麦芽糖	MR-VP	甘露醇	鼠李糖	木糖	七叶苷
单核细胞增生李斯特菌(*L. monocytogenes*)	+	+	+	+/+	−	+	−	+
格氏李斯特菌(*L. grayi*)	−	+	+	+/+	+	−	−	+
斯氏李斯特菌(*L. seeligeri*)	+	+	+	+/+	−	−	+	+
威氏李斯特菌(*L. welshimeri*)	−	+	+	+/+	−	V	+	+
伊氏李斯特菌(*L. ivanovii*)	+	+	+	+/+	−	−	+	+
英诺克李斯特菌(*L. innocua*)	−	+	+	+/+	−	V	−	+

注:+阳性;−阴性;V 反应不定。

(5)协同溶血试验 cAMP。在羊血琼脂平板上平行划线接种金黄色葡萄球菌和马红球菌,挑取纯培养的单个可疑菌落垂直划线接种于平行线之间,垂直线两端不要触及平行线,距离 1～2 mm,同时接种单核细胞增生李斯特菌、英诺克李斯特菌、伊氏李斯特菌、斯氏李斯特菌,于(30±1)℃培养 24～48 h。单核细胞增生李斯特菌在靠近金黄色葡萄球菌处出现 2 mm 的 β-溶血增强区域,斯氏李斯特菌也出现微弱的溶血增强区域,伊氏李斯特菌在靠近马红球菌处出现 5～10 mm 的"箭头状"β-溶血增强区域,英诺克李斯特菌不产生溶血现象。若结果不明显,可置 4℃冰箱 24～48 h 再观察。

5. 结果报告

综合以上结果,报告 25 g(mL)样品中检出或未检出单核细胞增生李斯特菌。

(二)其他检验方法

1. 聚合酶链式反应技术(PCR)

PCR 技术目前已被广泛应用于李斯特菌的检测。依据李斯特菌的基因设计一对特异性引物,以待检样品或样品抽提后的 DNA 为模板,体外扩增,根据其扩增结果来判定是否检出单核细胞增生李斯特菌。利用 PCR 方法来检测单核细胞增生李斯特菌的优点是特异性好,且可检出传统增菌方法不能检出的"活的非可培养"的单核细胞增生李斯特菌。

2. 免疫学检测方法

目前,从食品中检测单核细胞增生李斯特菌的免疫学方法主要是 ELISA 技术。ELISA 检测操作简便,快速,可在统一时间内检测大量样品,并可将纯肉汤培养物中的分离物进行属水平的鉴定，但因菌体及鞭毛抗原交叉反应的存在，难以进行菌种间的特异性分析。

除了以上检测方法，目前应用于单核细胞增生李斯特菌检测的技术还有探针检测技术、实时荧光定量 PCR 检测技术等。

第十六节 黄曲霉毒素的测定

黄曲霉毒素(AFT)是由黄曲霉和寄生曲霉产生的二次代谢产物，为结构类似的一组化合物。目前已发现的黄曲霉毒素有 20 多种，均为二氢呋喃香豆素的衍生物。在黄曲霉毒素的衍生物中以黄曲霉毒素 B_1 的毒性及致癌性最强，在食品中的污染也最普遍，故在食品卫生监测中，主要以黄曲霉毒素 B_1 为污染指标。实验证明，黄曲霉毒素 B_1 在动物体内转变成两种主要代谢产物——黄曲霉毒素 M_1 和黄曲霉毒素 M_2。

一、黄曲霉毒素 B_1 的理化特性

黄曲霉毒素 B_1 的分子式为 $C_{17}H_{12}O_6$，分子质量相对较小，在热处理下较稳定，温度高达 269℃左右才可分解。在中性溶液中较稳定，遇强酸时有少量分解，在 pH 9～10 的强碱性溶液中可分解。易溶于乙醇、甲醇等多种有机溶剂，难溶于水。

二、黄曲霉毒素 B_1 的公共卫生

曲霉属真菌一般生长于土壤、食物、动物饲料等有机环境中。B 类黄曲霉毒素主要分布在谷类、干果、坚果等食物中，相比于其他黄曲霉毒素，黄曲霉毒素 B_1 在动物饲料中的存在更普遍。

黄曲霉毒素 B_1 是目前所知的真菌毒素中毒性最强的毒素，具有强烈的致癌性。其致癌性与其代谢过程有关，黄曲霉毒素 B_1 的主要靶器官是肝脏，在肝细胞内质网微粒体混合功能氧化酶系的作用下进行代谢。当一次性摄入量大时，可引起急性中毒，可引起急性肝炎、胆管增生、肝细胞坏死、肝充血出血症状。当微量持续摄入时，除了可造成严重肝损伤诱发肝癌外，也诱导肾脏、结肠、胰腺、胆囊及血管瘤的产生。

三、黄曲霉毒素 B_1 测定方法

(一)标准测定法

黄曲霉毒素 B 族的标准测定方法共有 5 种，分别为同位素稀释液相色谱-串联质谱法、高效液相色谱-柱前衍生法、高效液相色谱-柱后衍生法、酶联免疫吸附筛查法、薄层色谱法。下面以薄层色谱法为例介绍黄曲霉毒素 B_1 的标准测定方法。

1. 原理

样品经提取、浓缩、薄层分离后，黄曲霉毒素 B_1 在紫外光(波长 365 nm)下产生蓝紫色荧光，根据其在薄层上显示荧光的最低检出量来测定含量。

2. 标准溶液配制

AFT B_1 标准储备溶液(10 μg/mL):准确称取 1～1.2 mg AFT B_1 标准品,先加入 2 mL 乙腈溶解后,再用苯稀释至 100 mL,避光,置于 4℃冰箱保存,此溶液浓度约 10 μg/mL。

纯度的测定:取 5 μL 10 μg/mL AFT B_1 标准溶液,滴加于涂层厚度 0.25 mm 的硅胶 G 薄层板上,用甲醇-三氯甲烷与丙酮-三氯甲烷展开剂展开,在紫外光灯下观察荧光的产生,应符合以下条件:

①在展开后,只有单一的荧光点,无其他杂质荧光点;

②原点上没有任何残留的荧光物质。

AFT B_1 标准工作液:准确吸取 1 mL 标准溶液储备液于 10 mL 容量瓶中,加苯-乙腈混合液至刻度,混匀。此溶液每毫升相当于 1.0 μg AFT B_1。吸取 1.0 mL 此稀释液,置于 5 mL 容量瓶中,加苯-乙腈混合液稀释至刻度,此溶液每毫升相当于 0.2 μg AFT B_1。再吸取 AFT B_1 标准溶液(0.2 μg/mL)1.0 mL 置于 5 mL 容量瓶中,加苯-乙腈混合液稀释至刻度。此溶液每毫升相当于 0.04 μg AFT B_1。

3. 测定方法

整个操作需在暗室条件下进行。

(1)样品提取。

①玉米、大米、小麦等固体样品。称取 20.00 g 粉碎过筛试样(面粉、花生酱不需粉碎),置于 250 mL 具塞锥形瓶中,加 30 mL 正己烷或石油醚和 100 mL 甲醇水溶液,在瓶塞上涂上一层水,盖严防漏。振荡 30 min,静置片刻,以叠成折叠式的快速定性滤纸过滤于分液漏斗中,待下层甲醇水带被分清后,放出甲醇水溶液于另一具塞锥形瓶内。取 20 mL 甲醇水溶液(相当于 4 g 试样)置于另一 125 mL 分液漏斗中,加 20 mL 三氯甲烷,振摇 2 min,静置分层,如出现乳化现象可滴加甲醇促使分层。放出三氯甲烷层,经盛有约 10 g 预先用三氯甲烷湿润的无水硫酸钠的定量慢速滤纸过滤于 50 mL 蒸发皿中,再加 5 mL 三氯甲烷于分液漏斗中,重复振摇提取,三氯甲烷层一并滤于蒸发皿中,最后用少量三氯甲烷洗过滤器,洗液并于蒸发皿中。将蒸发皿放在通风柜于 65℃水浴上通风挥干,然后放在冰盒上冷却 2～3 min 后,准确加入 1 mL 苯-乙腈混合液(或将三氯甲烷用浓缩蒸馏器减压吹气蒸干后,准确加入 1 mL 苯-乙腈混合液)。用带橡皮头的滴管管尖将残渣充分混合,若有苯的结晶析出,将蒸发皿从冰盒上取出,继续溶解、混合,晶体即消失,再用此滴管吸取上清液转移于 2 mL 具塞试管中。

②花生油、香油、菜油等。称取 4.00 g 试样置于小烧杯中,用 20 mL 正己烷或石油醚将试样移于 125 mL 分液漏斗中。用 20 mL 甲醇水溶液分次洗烧杯,洗液一并移入分液漏斗中,振摇 2 min,静置分层后,将下层甲醇水溶液移入第二个分液漏斗中,再用 5 mL 甲醇水溶液重复振摇提取 1 次,提取液一并移入第二个分液漏斗中,在第二个分液漏斗中加入 20 mL 三氯甲烷,以下按①自“振摇 2 min,静置分层……”起依法操作。

(2)测定。

①薄层板的制备:称取约 3 g 硅胶 G,加相当于硅胶量 2～3 倍的水,用力研磨 1～2 min 至成糊状后立即倒于涂布器内,推成 5 cm×20 cm,厚度约 0.25 mm 的薄层板 3 块。在空气中干燥约 15 min 后,在 100℃活化 2 h,取出,放干燥器中保存。一般可保存 2～3 d,若放置时间较长,可再活化后使用。

②点样。将薄层板边缘附着的吸附剂刮净，在距薄层板下端 3 cm 的基线上用微量注射器或血色素吸管滴加样液。一块板可滴加 4 个点，点距边缘和点间距约为 1 cm，点直径约 3 mm。在同一块板上滴加点的大小应一致，滴加时可用吹风机用冷风边吹边加。滴加样式如下：

第一点：0 μL AFT B_1 标准工作液（0.04 μg/mL）。

第二点：20 μL 样液。

第三点：20 μL 样液＋10 μL 0.04 μg/mL AFT B_1 标准工作液。

第四点：20 μL 样液＋10 μL 0.2 μg/mL AFT B_1 标准工作液。

③展开与观察。在展开槽内加 10 mL 无水乙醚，预展 12 cm，取出挥干。再于另一展开槽内加 10 mL 丙酮-三氯甲烷（8＋92），展开 10～12 cm，取出。在紫外光下观察结果，方法如下。

由于样液点上加滴 AFT B_1 标准工作液，可使 AFT B_1 标准点与样液中的 AFT B_1 荧光点重叠。如样液为阴性，薄层板上的第三点中 AFT B_1 为 0.000 4 μg，可用作检查在样液内 AFT B_1 最低检出量是否正常出现：如为阳性，则起定性作用。薄层板上的第四点中 AFT B_1 为 0.002 μg，主要起定位作用。

若第二点在与 AFT B_1 标准点的相应位置上无蓝紫色荧光点，表示试样中 AFT B_1 含量在 5 μg/kg 以下，如在相应位置上有蓝紫色荧光点，则需进行确证试验。

④确证试验。为了证实薄层板上样液荧光系由 AFT B_1 产生的，加滴三氟乙酸，产生 AFT B_1 的衍生物，展开后此衍生物的比移值在 0.1 左右。于薄层板左边依次滴加两个点。第一点：0.04 μg/mL AFT B_1 标准工作液 10 μL。第二点：20 μL 样液。于以上两点各加一小滴三氟乙酸盖于其上，反应 5 min 后，用吹风机吹热风 2 min 后，使热风吹到薄层板上的温度不高于 40℃，再于薄层板上滴加以下两个点。第三点：0.04 μg/mL AFT B_1 标准工作液 10 μL。第四点：20 μL 样液。

再展开，在紫外光灯下观察样液是否产生与 AFT B_1 标准点相同的衍生物。未加三氟乙酸的三、四两点，可依次作为样液与标准的衍生物空白对照。

⑤稀释定量。样液中的 AFT B_1 荧光点的荧光强度如与 AFT B_1 标准点的最低检出量（0.000 4 μg）的荧光强度一致，则试样中 AFT B_1 含量即为 5 μg/kg。如样液中荧光强度比最低检出量强，则根据其强度估计减少滴加微升数或将样液稀释后再滴加不同微升数，直至样液点的荧光强度与最低检出量的荧光强度一致为止。滴加式样如下：第一点：10 μL AFT B_1 标准工作液（0.04 μg/mL）；第二点：根据情况滴加 10 μL 样液；第三点：根据情况滴加 15 μL 样液；第四点：根据情况滴加 20 μL 样液。

⑥结果计算。试样中 AFT B_1 的含量按式（5）计算：

$$X = 0.000\,4 \times \frac{V_1 \times f}{V_2 \times m} \times 1\,000 \tag{5}$$

式中：X 为试样中 AFT B_1 的含量，单位为微克每千克（μg/kg）；0.000 4 为 AFT B_1 的最低检出量，单位为微克（μg）；V_1 为加入苯-乙腈混合液的体积，单位为毫升（mL）；f 为样液的总稀释倍数；V_2 为出现最低荧光时滴加样液的体积，单位为毫升（mL）；m 为加入苯-乙腈混合液溶解时相当试样的质量，单位为克（g）；1 000 为溶解时换算系数。

结果表示到测定值的整数位。

(二)其他测定方法

黄曲霉毒素B族的标准测定方法除了薄层色谱法，还有同位素稀释液相色谱-串联质谱法、高效液相色谱-柱前衍生法、高效液相色谱-柱后衍生法、酶联免疫吸附筛查法。其原理分别为：

1. 同位素稀释液相色谱-串联质谱法

试样中的黄曲霉毒素 B_1，用乙腈-水溶液或甲醇-水溶液提取，提取液用含1% TritonX-100(或吐温-20)的磷酸盐缓冲溶液稀释后(必要时经黄曲霉毒素固相净化柱初步净化)，通过免疫亲和柱净化和富集，净化液浓缩、定容和过滤后经液相色谱分离，串联质谱检测，同位素内标法定量。

2. 高效液相色谱-柱前衍生法

试样中的黄曲霉毒素 B_1，用乙腈-水溶液或甲醇-水溶液的混合溶液提取，提取液经黄曲霉毒素固相净化柱净化去除脂肪、蛋白质、色素及碳水化合物等干扰物质，净化液用三氟乙酸柱前衍生，液相色谱分离，荧光检测器检测，外标法定量。

3. 高效液相色谱-柱后衍生法

试样中的黄曲霉毒素 B_1，用乙腈-水溶液或甲醇-水溶液的混合溶液提取，提取液经免疫亲和柱净化和富集，净化液浓缩、定容和过滤后经液相色谱分离，柱后衍生(碘或溴试剂衍生、光化学衍生、电化学衍生等)，经荧光检测器检测，外标法定量。

4. 酶联免疫吸附筛查法

试样中的黄曲霉毒素 B_1 用甲醇-水溶液提取，经均质、涡旋、离心(过滤)等处理获取上清。被辣根过氧化物酶标记或固定在反应孔中的黄曲霉毒素 B_1，与试样上清液或标准品中的黄曲霉毒素 B_1 竞争性结合特异性抗体。在洗涤后加入相应显色剂显色，经无机酸终止反应，于450 nm或630 nm波长下检测。样品中的黄曲霉毒素 B_1 与吸光度在一定浓度范围内呈反比。

Project 5

病毒学检验分论

第一节　病毒的基本特性

一、病毒形态与结构

(一)病毒的形态

病毒是一类只能在活细胞内寄生的非细胞型微生物。它形体微小，可以通过细菌滤器，必需用电子显微镜才能观察病毒的大小、形态及核酸类型；没有细胞结构；只含有一种核酸(DNA 或 RNA)；病毒缺乏完整的酶系统，不能在无生命的培养基中生长，严格的细胞内寄生生活；增殖方式为复制；对抗生素不敏感，对干扰素敏感。

病毒大小常用纳米(nm)表示。病毒类型不同，大小差异很大，较大的病毒直径为 300～450 nm(如痘病毒)，较小的病毒直径仅为 18～20 nm(如植物病毒或昆虫病毒)。

病毒的形态主要有砖形、子弹形、球形、蝌蚪形、杆形 5 种。如痘病毒为砖形，狂犬病病毒为子弹形，而大多数动物病毒为球形，大多数植物病毒为杆形，蝌蚪形是噬菌体的特征形态。

(二)病毒的结构

结构完整的病毒个体称为病毒颗粒或病毒子。

病毒颗粒的中心部分为核酸，核酸也称作病毒的髓核。一种病毒只含有一种类型的核酸，即 DNA 或 RNA。但不论是 DNA 还是 RNA，都携带着病毒的全部遗传信息，控制着病毒的遗传、变异、生长繁殖等特性。某些动物病毒去除囊膜和衣壳，裸露的 DNA 或 RNA 也能感染细胞，这样的核酸称为传染性核酸。髓核被称之为衣壳的蛋白质外壳所包围。髓核和衣壳组成核衣壳。衣壳可保护病毒的核酸免受核酸酶及外界理化因素的破坏，另外还与病毒吸附、侵入和感染易感细胞有关。病毒的衣壳是病毒重要的抗原物质。有些病毒的核衣壳外面包被着一层外套称为囊膜，囊膜是由类脂、蛋白质和糖类组成的。囊膜是病毒复制成熟后通过宿主核膜或细胞膜时获得，因此具有宿主细胞的类脂成分，易被脂溶剂如乙醚、氯仿等溶解破坏。囊膜可保护衣壳，也与病毒吸附宿主细胞有关。有些病毒的囊膜表面具有呈放射排列的突起，称为纤突。如流感病毒囊膜表面的纤突有 2 种：血凝素纤突和神经氨酸酶纤突。纤突具有抗原性，也与病毒的致病力及病毒对细胞的亲和力有关。另外，有些病毒没有囊膜，但有一些其他特殊结构。如腺病毒，其核衣壳的各个顶角上有共计 12 根细长的、形态好似大头针的“触须”，具有凝集和毒害敏感细胞的作用。

二、病毒的分类与复制

(一)病毒的分类

病毒种类繁多，按其核酸类型不同，分为 DNA 病毒和 RNA 病毒；按其结构不同，分为真病毒(euvirus，简称病毒)和亚病毒(subvirus，包括类病毒、拟病毒、朊病毒)；按其感染对象不同，分为噬菌体(感染细菌、真菌、支原体等细胞)、植物病毒(感染植物细胞)、动物病毒(感染动物细胞)。

(二)病毒的复制

病毒既无产能酶系，也无蛋白质和核酸合成酶系，只能利用宿主活细胞内现成的代谢系统合成自身的核酸和蛋白质成分。这就决定了病毒在细胞内专性寄生的特性。活细胞是病毒增殖的唯一场所，可为病毒增殖提供能量、原料和必需的酶。

病毒的增殖方式是复制。病毒的复制是指由宿主细胞供应原料、能量、酶和生物合成场所，在病毒遗传物质的控制下，在宿主细胞内复制出病毒的核酸，合成病毒的蛋白质，然后组装成大量的子代病毒，并释放到细胞外的过程。病毒的复制过程大致分为吸附、穿入、脱壳、生物合成、装配与释放5个阶段。病毒附着在宿主细胞的表面称为吸附。病毒吸附于细胞表面后，迅速侵入细胞。病毒脱壳包括脱囊膜和脱衣壳两个过程。没有囊膜的病毒，只有脱衣壳的过程，有囊膜的病毒，先脱去囊膜，再脱去衣壳。通过脱壳，病毒核酸游离在宿主细胞内。生物合成包括核酸复制和蛋白质合成。病毒脱壳后，释放核酸，病毒的遗传信息向细胞传达，宿主细胞在病毒遗传信息的控制下合成病毒的各种组成成分及所需的酶类。最后新合成的病毒成分装配成完整的病毒粒子，通过出芽或细胞裂解方式从细胞内释放到细胞外。

因为病毒必须在活细胞内增殖，因此，动物病毒的培养可在自然宿主、实验动物、鸡胚或细胞培养中进行，以死亡、发病或病变等作为病毒繁殖的直接指标，或以血细胞凝集、抗原测定等作为间接指标。收获发病动物的组织磨成悬液或有病变的细胞培养液，即为粗制病毒。测定活病毒数量可采用空斑法，其原理与噬斑法相同，但以易感的动物单层细胞代替细菌，在接种适当稀释的病毒后，用含有培养液和中性红的琼脂覆盖，使病毒感染局限在小面积内形成病变区，衬底的健康细胞被中性红染成红色，病变区不染色而显示为空斑。除了利用病毒的致病性定量检测病毒外，还可应用物理方法，如在电子显微镜下计数病毒颗粒，或用紫外分光光度计测定提纯病毒的蛋白和核酸量，这些方法所测得的数据包括了有感染性和无感染性的病毒颗粒。

第二节　动物产品病毒的检验

一、病毒的常规检验技术

(一)病毒的分离和鉴定

用于病毒分离的材料，无论是动物产品检样，还是传代病毒培养物或采自发病或死亡动物的病料，都应尽快送往实验室进行实验。组织细胞或动物的接种与传代均可用于病毒的分离和鉴定。病毒对细胞的感染具严格的选择性和特异性，因此用细胞培养病毒必须选择病毒的易感细胞。

1. 病毒增殖的判定

病毒在实验动物体和培养细胞内增殖，会影响机体和细胞的代谢、生命活动，并且经常通过一定的形态学和病理学变化表现出来，可作为病毒增殖判定的依据。

2. 细胞病变(CPE)

多数病毒在敏感细胞内增殖可引起细胞形态、代谢等方面的变化，即细胞病变(CPE)。显微镜下主要表现为：细胞圆缩，如呼肠孤病毒和痘病毒等；细胞聚合，如腺病毒；细胞融合形成合胞体，如疱疹病毒和副黏病毒；轻微病变，如冠状病毒、弹状病毒等。CPE经常具有病毒“种”的特性，因此常作为病毒鉴定的依据之一。

3. 病毒蚀斑(空斑)技术

病毒蚀斑是指病毒在已长成的单层细胞上形成的局限性病灶，主要用于病毒的纯化或病毒悬液中感染病毒含量的测定。

4. 病毒感染力的滴定

常用的病毒感染力的测定方法有2种，一种是用实验动物测定LD_{50}(半数致死量)，另一种是在组织细胞上测定$TCID_{50}$(组织细胞半数感染量)。

5. 病毒的保存

分离或鉴定后的病毒经过冷冻真空干燥后可以长期保存。

(二)病毒的形态学检查

病毒形态学检查方法主要有：

1. 光学显微镜检查法

仅用于大病毒颗粒(如痘类病毒)和病毒包涵体的检查。

2. 电子显微镜检查法

(1)电镜直接检查法。某些病毒感染的早期，临床标本中就可出现病毒颗粒。标本经粗提浓缩后用磷钨酸盐负染，电镜下直接观察，可发现病毒颗粒，获得诊断。

(2)免疫电镜检查法。将病毒标本制成悬液，加入特异性抗体，混匀，使标本中的病毒颗粒凝集成团，再用电镜观察，可提高病毒的检测率。本法比电镜直接检查法更特异、更敏感。

3. 超速离心法

根据病毒大小的不同，其沉降速率也不同。可用超速离心法测得病毒的沉降系数(S)，借以计算病毒的大小。

4. X线晶体衍射法

根据X线衍射图谱，用数学处理方式来研究病毒结构亚单位和分子结构等。但标本必须为结晶，可用于无囊膜病毒的研究。

了解病毒的形态结构，并利用电镜技术去观察病毒，不仅是了解病毒本质所必需的，也是临床诊断和鉴别诊断所必不可少的。近年来，利用特异的血清抗体去凝聚病毒材料里的未知病毒并最后用电镜直观加以显示，从而实现特异而快速的病毒鉴定，这对现代预防兽医学和基础兽医学都有重大意义。它可以诊断已知的病毒疾病，又是研究和发现新的未知病毒的有效手段。

(三)免疫学鉴定

获得病毒株后，应用已知的抗病毒血清或单克隆抗体进行免疫学试验，鉴定病毒的种类乃至型别。

(四)病毒的分子生物学鉴定

病毒分子生物学鉴定包括病毒核酸测定和病毒蛋白质测定。核酸测定主要利用聚合酶链式反应(PCR)技术、探针技术和核酸序列测定技术,检测病毒基因组中的特征性区段甚至整个病毒基因组;蛋白质测定主要使用免疫测定技术、电泳技术和质谱技术,检测病毒特异的蛋白质成分。

二、动物产品病毒污染的来源、途径及特点

在食源性感染中,最直接相关的是那些感染肠道的细菌和经粪便或呕吐物排泄出来的病毒。

食源性病毒感染的特点主要有:较少的病毒即可引起感染;从病毒感染者的粪便中可以排出大量病毒粒子;病毒需要特异活细胞才能繁殖,因此,在食品和水中不进行增殖;食源性病毒在环境中相当稳定,对酸普遍有耐受性。

任何动物产品都可以作为病毒的运载工具,如病毒性肝炎常常是通过食物进行传播的。据报道,1988 年 1 月初,上海居民因食用毛蚶中毒,引起了甲型肝炎暴发流行。长期以来,人们只重视其他有毒有害物质对动物产品的污染,而对动物产品中的病毒却了解甚少,主要原因如下:一是病毒不能像细菌和霉菌那样,以动物产品为培养基进行繁殖,且个体非常小,没有细胞特征,需要借助电子显微镜才能看见,因而忽略了病毒对动物产品质量的影响;二是病毒在食物中的数量少,加之检验方法复杂,不易检出,必须通过提取和浓缩的过程,但其回收率低,大约为 50%;三是病毒生长繁殖要求条件很高,尤其是有些动物产品中的病毒还不能用当前已有的方法培养出来。因此,研究动物产品病毒污染的来源、途径及特点,对有效防控食源性病毒病具有重要意义。

(一)动物产品病毒的污染来源

一般情况下,病毒只能在活的细胞中复制,不能在人工培养基上繁殖。因此,人和动物是病毒复制、传播的主要来源。

1. *病畜和病原携带者*

对大多数病毒来说,病畜和病原携带者是重要的传染源,尤其在临床症状表现明显期,其病毒传播能力最强。此外,有些病毒携带者,多数处于传染病的潜伏期,在一定条件下可向外排毒,由于没有明显的临床症状,因而具有更大的隐蔽性。

2. *受病毒感染的动物*

大多数是通过污染的动物产品传染给人的。如偶蹄动物的口蹄疫病毒,禽流感病毒等。

3. *环境与水产品中的病毒*

有些病毒粒子可在土壤、水、空气中存活很长时间,可造成谷物、蔬菜等食品污染。

(二)动物产品病毒的污染途径

来源于污染源的病毒可通过各种途径污染动物产品。传播的主要途径有:

(1)携带病毒的人和动物通过粪便、尸体直接污染食品原料和水源,如细小病毒、肠道病毒等。

(2)带有病毒的食品从业人员通过手、生产工具、生活用品等在食品加工、运输、销售等过程中对食品造成污染,如乙型肝炎病毒。

(3)携带病毒的动物与健康动物相互接触后,使健康动物染毒,导致动物产品的病毒污

染,如牛、羊肉中污染的口蹄疫病毒,禽肉和禽蛋中污染的禽流感病毒。

(4)蚊、蝇、鼠类、跳蚤等可作为某些病毒的传播媒介,造成动物产品污染,如乙肝病毒、流行性出血热病毒等。

(5)污染动物产品的病毒被人和动物吸收,并在体内繁殖后,又可通过生活用品、粪便、唾液、动物尸体等对动物产品造成再污染,导致恶性循环。

(三)动物产品病毒污染的特点

1. 污染和流行程度不同

(1)散在发生。由于安全防范措施不同,地域、自然条件等不同,使病毒污染动物产品常常呈零星发生,各个污染在发生时间和地点上无明显的联系。

(2)流行性污染。在某一时期某个地区某种病毒污染动物产品数量显著地超过了平时的污染量即为流行性污染。当病毒对动物产品的污染呈散发性时,若安全意识不够,防范措施不当,当地当时的自然条件又适合病毒繁殖,可导致污染流行。

(3)污染大流行。大流行往往是动物产品流行性病毒污染的进一步发展。主要特点是在一定时间内迅速传播,波及范围很广。

(4)暴发污染。暴发污染的特点是具有突然性。动物产品在短时间内可发生大批的病毒污染。

2. 污染和流行有一定的时间性

(1)具有季节性。病毒对动物产品的污染以及对人体的危害呈现明显的季节性。如呼吸道病毒的污染和流行常发生在冬春季节;肠道病毒、肝炎病毒的污染和流行常发生在夏秋季。

(2)带有周期性。某些病毒对动物产品的污染每隔一定时期就会发生一次流行,往往造成某一传染病发生周期性流行。当某些条件改变后,周期性可能消失。

3. 污染和流行表现为地区性

(1)本地化。有些病毒对动物产品的污染和流行局限于一定地区范围内。这与病毒在外界生长繁殖所需的自然条件、传播媒介以及当地居民的生活习惯等因素有密切关系。

(2)外来性。有些病毒虽然以前在本地区没有,但由于交通业的发展,对外贸易的开展,可从别的地区带入,当条件适合时,可发生动物产品污染和流行。如口蹄疫病毒、禽流感病毒等均是由国外传入的。因此,对动植物进出口检疫应加强管理,以防止外来病毒传入我国。

三、病毒对动物产品安全性的影响

从污染动物产品中已经发现了多种病毒,如口蹄疫病毒、流感病毒、肠道病毒等。病毒是专性寄生微生物,只能在寄主的活细胞中复制,不能在人工培养基上繁殖。但是,任何动物产品都可以作为病毒的运载工具,许多病毒病的发生都是食源性的。

Larkin(1981)列出了人类因食物污染而感染胃肠道病毒的种类有:细小核糖核酸病毒、肠道病毒、细小病毒、乳多空病毒和腺病毒等。当人和动物摄入带有病毒的动物产品后,即可引起病毒性传染病。患者常常表现头痛、发热、乏力等一系列临床症状,在病毒侵害部位常发生不同程度的病理变化,并导致机体功能改变。严重的不可逆病变往往预后不良,甚至造成死亡。如乙型肝炎病毒可导致机体患乙型肝炎，常呈慢性经过，患者可表现出乏力、消化功能降低、厌食、消瘦、肝区疼痛等临床症状。若不能控制病情，由于病毒在肝细胞内大量复制，导致肝组织变性，可转变为肝硬化。病情进一步发展，可导致死亡。

有些病毒可在自然环境如土壤、水、空气中存在相当长的时间。无论何种病毒污染动物产品，一旦被适宜的寄主摄入，即可大量繁殖，继而引起相应的病毒病，对机体产生各种各样的危害。

贝类生物在肠道病毒污染的水中生活时，可将病毒粒子吸收入体内，浓缩肠道病毒。如食用未彻底清除病毒的贝类，容易引起病毒感染。实际上，食用毛蚶、牡蛎、蛏子、蛤蜊等水生动物时，一般的处理方法往往不能彻底杀灭病毒。流行病研究结果表明，进食煮沸过的不洁毛蚶，仍有 11.9%的人发生腹泻，6.05%的人发生甲肝。实验进一步证实，积聚于贝类体内的病毒比游离在体外的病毒对热具有更大的耐受性。因此，当某地区已有病毒病发生时，食用附近水域的贝类是不安全的。

有关病毒污染动物产品后，引起的食物中毒事件时有发生。1988 年 1 月初，上海因有人食用毛蚶中毒，引起了甲型肝炎暴发流行。据统计，仅在爆发后的一周多时间内，就有约 1.8 万人发病。中毒者普遍有恶心、呕吐、脐周疼痛继而腹泻、发烧及甲肝症状。这种大规模、蔓延迅速的中毒事件在历史上也是罕见的。诸如此类中毒事件的发生，也为人类警惕病毒对动物产品的污染敲响了警钟。因此，为保证动物产品的安全性，对病毒污染动物产品的问题应引起足够的重视。

四、动物产品病毒的检测

(一)样品的采集和处理

1. 样品的采集和运送

样品采集要有足够数量，一般不少于 100 g，以无菌样品瓶(袋)盛取，以免采样过程中发生污染或样品间的交叉污染。动物固有的病毒多存在于样品内部，加工过程中污染的病毒多附着于样品表面，采样时既要防止外来污染，又要防止将食物中的病毒遗漏。

样品应尽快低温运送至检验室，防止污染、变质或样品混淆。同时应附有采样登记卡和编号。

2. 样品的处理

样品送入检验室后应立即根据样品性质和检查目的及病毒的可能来源等情况进行处理。现以贝类样品的处理为例说明如下：先以自来水冲洗全部样品，去除泥沙等污物。将贝类每 10～20 个分为一组，以刀撬开贝壳，倒出壳内积液(可收集起来作为一种样品)，取出贝肉。将贝肉置于消过毒的匀浆机中进行匀浆处理，用 10 倍量 pH 8.5 的高浓度抗生素 Eagle's 液(MEM)将匀浆洗出(壳内积液也做同样处理)。将洗出的匀浆猛烈摇动后重新调 pH 至 8.5，在室温中放置 1 h(每隔 20 min 摇 1 min)，再校正 pH 至 8.5，用盛有 5 g 预先用高抗生素 MEM 处理过的玻璃棉的漏斗将匀浆过滤。再用木棒将玻璃棉及肉渣中残留液体挤出，所得液体可供分离病毒。

动物性食品中的病毒如来自屠宰后污染，其病毒浓度通常较低，大体只有 1 μg/g 左右。病毒分离前应进行浓缩处理。

(二)病毒的分离

检测环境物体所含病毒,通常使用 Vero 或 BGM 等来源于绿猴或人的传代细胞系。现以 Vero 或 BGM 细胞为例将单层细胞制备方法简述如下:倾去生长成熟且未衰老的单层细胞原有的培养液,加入适量 Versene 液或 Versene 与胰酶等量混合液,以将细胞单层全部覆盖为度。37℃消化数分钟,当倒置显微镜下能看到细胞互相分离、圆缩时,立即翻转容器使细胞侧向上脱离消化液。随即小心倾去消化液,勿使细胞从管壁脱落。如细胞已有脱落则保留消化液,并立即加入 1/10 量的小牛血清和数滴无菌饱和氯化镁溶液,以中和胰酶和 Versene 液的消化作用,200 r/min 离心 5～10 min,收获细胞。用适当新鲜培养液将细胞制成悬液,用弯头吸管小心吹打悬液使细胞充分分散。培养液用量约相当于倾出的原培养液的 2～3 倍,然后分注于 2～3 个无菌的新容器中。设定培养温度为 35～37℃,方瓶培养时可水平放于温箱中,试管或小瓶培养时则要将管口稍微垫高约倾斜 5°。连续观察细胞生长情况,3～5 d 后细胞便可连成一片形成细胞单层。用前如发现细胞单层有缺损,细胞形态异常,培养液混浊,培养液变酸、变碱时,均不可用。

(三)病毒的检测

对肠道病毒感染细胞后,可直接用显微镜观察细胞的病变情况,也可利用活体染色后,观察死亡细胞单层上形成的空斑,即可对病毒进行定性和定量分析。

1. 细胞病变法

将单层细胞培养管中的培养液换成维持液,接种待检样后放入温箱,每日观察病变情况。对出现的病变应注意区别。通常接种后第 2～3 天出现的病变可能不是病毒所引起的;当样品病毒含量极低或病毒活性降低时,潜伏期可能延长甚至不出现病变。可通过传代的方法进行区别,如果病变不是病毒引起的,随着传代病变可减轻以至消失,反之病变可随传代次数的增加由无到有、由轻度逐渐变为典型病变。肠道病毒引起的病变表现为细胞膨大、圆缩、屈光增强、核浓缩、细胞脱落、坏死等。发生的病变一般分为 4 级,发生病变的细胞数量超过全单层面积 1/4 时记为+,超过 1/2 时记为++,超过 3/4 时记为+++,达到 4/4 时记为++++。病变程度达++以上定为病毒阳性。

初分离常常难以获得阳性结果,应最少盲传 3 代,如仍为阴性可报告阴性。盲传前应将细胞管放入－30℃冻结,然后室温融化,反复冻融 3 次后,1 000 r/min 离心 10 min,取上清液接种于新的单层细胞管。

2. 空斑法

空斑法专用于病毒定量检测。理论上一个病毒体即可产生一个空斑,但实际上无法排除两个以上病毒体共同产生的空斑,因此计数时称为空斑形成单位(PFU, plaque forming unit)。

取方瓶培养的单层细胞 10 瓶,每瓶接种病毒样品或其连续 10 倍稀释液 0.2 mL,将方瓶向前后左右倾斜使样品与单层细胞均匀接触,在 36℃温箱中孵育 1 h,使病毒与细胞充分吸附。翻转方瓶使有细胞一侧向上,注入预先融化并保持在 47℃水浴中的覆盖琼脂培养基 8～10 mL。塞好瓶塞,轻轻将方瓶翻转回来并作各种角度倾斜使琼脂均匀覆盖单层表面,然后在室温下静置 30 min 使琼脂凝固。此时最好用黑纸将方瓶盖好,以免发生光敏效应使病毒灭活。再将方瓶琼脂侧向上,温箱培养 2 周,连续观察空斑形成及数量,并做记录。同时记录空斑的形态(大小、形状、边缘整齐与否)是否相同,出现时间是否接近,其结果对确定是否为病毒,以及是否由同一种病毒感染有很大参考价值。

(四)病毒的检定

病毒检定有两个方面含义,一是证明分离到的是否是病毒,因为一些毒性物质同样可导致细胞发生病变,而空斑中有时高达80%不是由病毒所引起;二是对病毒的生物学类型进行鉴定。

1. 确认分离的病毒

(1)空斑形成的传代。通过空斑形成或细胞病变进行鉴别。传代能力强的是病毒,没有传代能力或只传1~2代后就传不下去的一般不认为是病毒。为避免空斑间交叉污染,应选空斑密度适宜的方瓶(50 mL方瓶时,每瓶空斑数最好在10~20个)和孤立的空斑(两个空斑间距离相当于空斑直径的2倍以上)。用记号笔在瓶壁空斑处划上标志。这些做法有助于病毒的克隆化,有利于种型鉴定。如果只要求证明空斑的传代能力,不是孤立的空斑也可以。操作中应避免交叉污染,以免把本来不是病毒引起的"空斑"认为是病毒引起的,对样品得出错误的结论,夸大污染程度。将方瓶带琼脂侧向上,打开瓶塞,用无菌小铲小心地将空斑处琼脂轻轻剥下,使其直接落在无琼脂的瓶壁上,特别要避免与其他空斑接触而造成交叉污染。露出细胞层后用另一支无菌小铲在空斑区铲取1~2下,将小铲送入含0.5 mL生长培养液的小管中仔细刷洗,将刷洗液按前法接种于新的方瓶。培养后如再出现空斑即证明有传代能力。

(2)细胞病变效应的传代。细胞病变效应(cytopathic effect,CPE)是指病毒引起培养细胞病变的能力。若能证明CPE可以传代,就能说明致CPE因子有复制能力。浓度过高的非病毒、非生物污染物,虽然传代时毒物浓度逐渐被稀释,但其浓度在细胞中毒阈值以上时,仍有引起细胞病变的能力,但致病力趋势是随稀释程度而逐渐减弱甚至消失,病毒的CPE则往往与之相反。传代方法是将CPE处于高峰期的培养管,反复冻融3次,离心后取上清液接种新的培养管。培养后出现病变者,说明传代成功。

2. 病毒类型鉴定

动物产品中的病毒类型不同于临床检验的病毒,不容易检测和分离。从流行病学资料和经验可以获取某些信息,借以考虑缩小鉴定范围。同时,积累实验室的经验是十分必要的。

一般认为对乙醚或氯仿有抵抗力或在氯化镁保护下能耐受56℃、30 min者为肠道病毒。病毒鉴定可根据需要进行到不同程度,从食品卫生角度看,一般揭示出病毒种型归属即可。

(1)血清中和试验。血清中和试验是利用抗病毒血清阻止病毒致病作用的血清学反应,其特异性很高,操作相对简单,是常用的鉴定方法。如果有对该病毒中和效应的血清最大稀释度,则可以反映该病毒与制备该抗血清使用的病毒在抗原特性上的吻合程度。如能达到要求的血清效价,即说明两者完全一致;达不到血清效价但有一定中和能力者说明两者抗原性有部分交叉;完全没有中和作用者说明相互无关。

(2)血凝及血凝抑制试验。此法简单易行,特异性较高。如果待检病毒血凝反应阳性,可进一步用各型抗血清做血凝抑制试验或病毒中和试验确定所属类型。如果血凝反应阴性,则可排除这些病毒。

(3)补体结合试验。利用抗原抗体复合物可与补体结合，而单独的抗原或抗体不能结合补体的特点，以溶血系统为指示剂，用已知抗原(抗体)来检测未知抗体(抗原)。补体结合试验的优点是比中和试验快，可用于鉴定不产生空斑甚至没有 CPE 的病毒。

(4)酶联免疫吸附试验(enzyme linked immuno sorbent assay，ELISA)。酶联免疫吸附试验是利用免疫反应的高度特异性和酶促反应的高度敏感性，对抗原或抗体进行定性和定量检测的一种综合性技术。酶联免疫检测方法具有微量、特异、高效、经济、方便和安全等特点，目前已成为一类较成熟的检测技术，广泛应用于生物学和医学的许多领域。

(5)其他检测技术。19 世纪建立经典免疫学后，随着现代生物学的不断发展，免疫学的研究进入崭新时代。除上述一些经典和现代免疫学技术外，各种新的免疫学检测方法不断被建立和应用。如放射免疫检测技术，荧光和化学免疫检测技术，免疫组织化学技术，原位杂交免疫组织化学和免疫 PCR 技术，免疫微球技术等。新的免疫学技术已被广泛应用于包括病毒在内的各种微生物的检测之中。这些新的检测方法，具有特异性强、灵敏度高、快速方便等优点，能够检测出样品中的微量病毒和其他微生物。

第三节　口蹄疫病毒及其检验

口蹄疫病毒(foot-and-mouth disease virus，FMDV)是单股 RNA 病毒，属于小 RNA 病毒科口蹄疫病毒属。口蹄疫病毒是牛、猪等动物口蹄疫的病原体，人类偶能感染。本病毒能使患畜的口、蹄、鼻、乳房等部位发生特征性的水疱，有时甚至引起死亡。本病是一种人兽共患的急性、热性传染病，流行广、传播迅速，能给畜牧业生产造成巨大经济损失，是各国最关注的传染病之一。

一、生物学特性

(一)形态与结构特征

本病毒粒子结晶衍射分析表明，该粒子外形呈球形或六角形，但不是严格的正二十面体，直径 23～25 nm。FMDV 核酸是由大约 8 500 个核苷酸组成的单股线状 RNA，无囊膜。以电子显微镜观察感染细胞的超薄切片，常可见细胞浆内呈晶格状排列的病毒粒子。

(二)理化特性及化学组成

口蹄疫病毒的结构和成分都较简单。成熟病毒颗粒约含 30%的 RNA 和 70%的蛋白质，其 RNA 呈单股线状。完整病毒含有单股正链 RNA、衣壳蛋白，并含有少量装配过程中夹带的非结构蛋白和宿主细胞肌动蛋白。用酸处理口蹄疫病毒，可使每个病毒粒子释放出 20 个 12S 的衣壳蛋白亚单位(即壳粒，由 VP1、VP2 和 VP3 组成)、RNA 和 VP4，故该病毒对酸敏感。

(三)抵抗力

口蹄疫病毒在 4℃比较稳定，于－20℃特别是－70～－50℃十分稳定，可以保存几年之久，37℃、48 h 内可使病毒灭活。最适 pH 7.4～7.6，在酸性环境中迅速灭活，但各毒株对热和酸的稳定性有所差异。直射阳光可使病毒迅速灭活。但污染物品，例如饲草、被毛和木器上的病毒却可存活几周，厩舍墙壁和地板上的干燥分泌物中的病毒至少可以存活 1 个月(夏季)至 2 个月(冬季)。石炭酸、酒精、乙醚、氯仿等有机溶剂和吐温-80 等去垢剂的灭活作用不理想，而乳酸、次氯酸和福尔马林比较有效，野外条件下常用 2%氢氧化钠和 4%碳酸钠作为消毒剂。乳及乳制品中的口蹄疫病毒于 70℃加热 15 s 可灭活，于 4℃可存活 12 d，乳变酸后病毒迅速灭活。因尸僵后迅速产酸，故在尸体肌肉中的病毒很快灭活，但在腺体、淋巴结和骨髓中，由于这些组织中酸的产生量不多，故病毒可存活达几周之久。

另外，本病毒在各种动物性材料中，由于各材料的性质、加工或保存方法不同，其感染力或存活期有所差异(表 5-1)。

表 5-1 口蹄疫病毒在肉、乳及其制品中的存活期

材料	加工或保存	感染力或保存期
感染动物肉	挂在温暖的外界	48 h 后无感染力
	屠宰后立即冰冻	经 80 h 后有感染力
	烟熏	经 42 h 有感染力
生皮	用食盐保存	经 26 h 有感染力
骨髓	4℃	能存活 76 d
血	4℃	能存活 73 d
血清	4℃	能存活 112 d
内脏	4℃	经 1～2 个月能查出病毒
全乳	室温	25 h 内有感染力
乳酸	普通冰箱内	12 h 内有感染力
未加盐的黄油	室温	20 h 后无病毒检出
		经 26 d 有感染力

(四)抗原性

完整的病毒粒子和空衣壳具有型特异的抗原性，异型血清不能引起补体结合反应，根据血清学反应，FMDV 可分为 O、A、C、南非(SAT)Ⅰ型、SATⅡ型、SAT Ⅲ型、亚洲(Asia)Ⅰ型 7 个血清型。每个血清型又有很多亚型，型内不同毒株间的遗传变异可导致抗原差异，在同型内的亚型间有部分交叉免疫性。由于本属病毒较易发生变异，因此常有新的亚型不断出现，迄今为止已发现 80 多个亚型。本属病毒型的鉴定用补体结合试验、琼脂扩散试验、乳鼠或豚鼠交叉试验来进行，一般可在几小时或几天内得出结果。但是亚型的鉴定较困难，目前主要是采用补体结合试验来确定其血清型关系，进行亚型鉴定。

二、流行病学特性

口蹄疫是典型的世界性传染病，危害较大。世界各国几乎都有本病的发生，这些国家主要分布在亚洲、非洲和南美洲地区。原本已经宣布消灭口蹄疫的国家，也常突然重新暴发。我国已经基本控制本病的发生。

本病毒可感染包括啮齿类动物在内的 30 多种动物，以偶蹄动物最为易感。尤以黄牛(奶牛)为最易感。猪亦易感，水牛、牦牛、绵羊、山羊、骆驼的易感性较低。野生偶蹄兽也能感染，并可能在口蹄疫的流行上呈现一定作用。犬、猫等动物可以人工感染，但在口蹄疫的自然散播上可能仅起到机械传播作用。病畜的主要症状是在口腔黏膜、舌面、鼻镜、乳头、蹄叉、蹄冠、蹄踵、附蹄周边皮肤有明显灰白色水疱和水疱破溃后露出的赤色烂斑。反刍动物患口蹄疫常见口流泡沫状口涎(但水牛泡沫状口涎不明显,羊一般不见流口涎),口痛不敢吃干草。我国民间俗称本病为“鹅口疮”“口疮”“蹄癀”“脱靴症”。

人对口蹄疫亦有感染性,但在疫区中仅个别发生。常见于放牧员、饲养员、屠宰工、兽医等人员,以及接触病畜或畜产品以及食用污染本病毒的乳、肉食品的人员,主要表现为手(足)指(趾)间发生水疱,常迅速恢复。

在病畜的水疱皮内和淋巴液中含毒量最高。在发热期间血液内含毒量最多,奶、尿、口涎、泪和粪便中也都含有 FMDV。染疫公畜精液也能使受精的母畜感染发病,饲养染疫动物的圈舍、草场、饮水源以及屠宰染疫动物的场所、工具和排放的污水等也都可污染病毒。因此,病畜和带毒者的检出,乳、肉等畜产品的检验,以及疫区的封锁管理,对本病的防治有重要意义,特别是乳、肉等畜产品的检验更具有食品卫生学意义。

三、微生物学检验

(一)检样的采取与处理

1. 病畜检样

病畜带毒最多的部位是水疱皮、水疱液,其次为口腔流出的较为黏稠的唾液、分泌的乳汁、阴道的黏液,肌肉、内脏、淋巴结、脊髓、粪尿等均可带毒。可将其作为检样,进行实验室检查。检验应保证一定的数量,可将 2 或 3 个病畜的检样作为一份材料。

(1)水疱皮的采集。接到疫情报告后,立刻到疫点采集病料,防止错过最佳时机。尽量避免细菌及泥土的污染。当动物大量流涎时,舌面溃烂,腐败的水疱皮不宜做病毒分离。牛羊可在舌面水疱形成 2 d 左右时,采集舌面水疱皮作病料,亦可采集蹄冠、蹄间及乳房出现的二期水疱作病料。猪可采集蹄叉、蹄冠部及鼻镜的水疱皮。尽可能采集牛、羊舌面和猪鼻镜上未溃烂的水疱皮 10 g 以上。用生理盐水或 pH 7.6 的磷酸盐缓冲液洗净后,再放入50%的甘油磷酸盐缓冲液中,冷藏保存。

(2)水疱液的采集。采集水疱皮前,用灭菌注射器抽取未破溃的水疱液和猪蹄叉、蹄冠部和鼻镜的水疱液,并将其装入灭菌瓶内,加入青霉素 1 000 IU/mL、链霉素 500 IU/mL,不加保存液,冷藏待检。

(3)食管喉头液。当牛患口蹄疫痊愈后,无法再采集到病料时,可用杯形食管探杯采集牛羊食管喉头分泌物 5 mL(不适用于猪),放入无菌玻璃瓶中,加入等量的细胞培养液(如水乳液),充分摇匀,于−60℃冷冻保存。

2. 病畜屠宰品检样

可采集宰杀后病畜的肌肉、心脏、肺、脾、肾、淋巴结、脊髓、血液和粪便等,也可采集可疑的乳、肉等食品和其他畜产品检样。其中血液检样可采集发病后 4～5 d 的病毒血症的病畜血液 5 mL 加抗凝剂。也可采集病后 15～30 d 的患畜血液加抗凝剂,4 000 r/min 离心 20 min,去除血细胞,将上清液置−20℃冰箱中保存备用;其余各器官组织样品加含 50%甘油的 0.05 mol/L 磷酸缓冲液(pH 7.6),于−20～−10℃冰箱中保存备用。

3. 检样的处理

水疱液和血液样品一般不用处理,可直接加入青霉素、链霉素,置 4℃冰箱内 4～6 h 后进行检查，或放置1～2 h，以3 000 r/min离心20 min，取上清液进行检查，做病毒分离或诊断用。水疱皮及病畜各组织器官等固体检样，用生理盐水或pH 7.6盐酸缓冲液冲洗，剪碎研磨后用pH 7.6盐酸缓冲液制成1∶10悬液，加青霉素1 000 IU/mL、链霉素500 IU/mL，于18～23℃室温下放置1～2 h，以3 000 r/min离心20 min，取上清液进行检验。

(二)检验方法

1. 病毒分离

一般采用细胞培养和接种实验动物的方法来分离口蹄疫病毒，均可达到分离病毒的目的。

(1)细胞培养。可采用犊牛甲状腺原代或继代细胞，以及犊牛、仔猪、豚鼠、仓鼠和兔肾原代或继代细胞来培养。待细胞培养成单层后接种检样液，将处理好的病料经冻融后以3 000 r/min离心10 min，取上清液2 mL接种于100 mL细胞扁瓶内生长良好的细胞，37℃吸附50～60 min，再加入10 mL pH 7.6的水解乳蛋白液，置37℃温箱中培养24～72 h，24 h后开始出现细胞病变，36～48 h细胞病变明显。在病毒扩增过程中，细胞的结构、功能和代谢都被病毒破坏，最后裂解释放出病毒。在显微镜下可见细胞变圆，细胞核固缩，以后病变细胞聚集成葡萄串状，大小一致，折光率强。待95%以上的细胞出现病变时，即可收集病毒细胞培养物，置－70～－20℃冷冻保存，留作进一步传代或鉴定用。随着传代次数的增多，细胞病变出现的时间也缩短。若无细胞病变，应于48 h取出，盲传数代，有时7～8代才出现细胞病变。

(2)接种实验动物。口蹄疫病毒以牛最易感染，尤其是黄牛、奶牛，水牛、猪、山羊、绵羊与骆驼等偶蹄类家畜均可自然感染。豚鼠不会自然感染，但接种病料后可产生原发性和继发性水疱。用小鼠和豚鼠分离口蹄疫病毒是常用方法之一。

3～4日龄乳鼠对口蹄疫病毒非常敏感。在乳鼠颈背皮下接种处理好的病料0.2 mL，也可接种3～5日龄乳兔。接种病毒15 h后，乳鼠出现麻痹，后腿运动障碍，继而呼吸紧张，心肌麻痹死亡。取胴体和心肌作病料待检，同时用普通培养基作无菌检查。500 g以上的豚鼠，将处理好的病料0.4 mL接种于豚鼠后肢跖部，内皮纵横穿刺0.2 mL，皮下0.2 mL。接种后48～96 h豚鼠开始形成水疱。采取水疱液和水疱皮采用如上方法研磨待检。将上述病料制成悬液，连续传3～5代后低温保存。若感染动物无症状，应于72 h捕杀，盲传3～5代。也可接种本动物进行病毒分离。

2. 血清学试验

除检测病毒外，还可以检测特异性抗体。检测毒型可选用补体结合试验和反向间接血凝试验，而正向间接血凝、细胞或乳鼠中和试验、琼脂扩散试验等用于检测特异性抗体；对于口蹄疫病毒的血清学诊断，在国内外报道和应用的方法较多，现简述如下。

(1)补体结合试验。取发病的猪、牛、羊等动物的新鲜水疱皮或水疱液，接种乳鼠，将其发病死亡胴体组织用生理盐水制成1∶2或1∶4的悬液，－20℃冰箱冻融一次，3 000 r/min离心10 min，取上清液于58℃水浴40 min，离心，将上清液分装两试管，各0.5 mL，其中一管加入口蹄疫病毒O、A、C和Asia Ⅰ型标准毒株制备的1∶5倍稀释的豚鼠抗血清，另一管不加，作为血清抗补体对照。对照血清用阴阳性血清各一份。再分别加入补体0.5 mL(1个单位)，置37℃水浴20 min。取出后，所有试管加致敏血细胞1 mL，混匀，置37℃水浴中20 min。取出后判定结果。不发生溶血的为阳性，反之为阴性。

(2)反向间接血凝试验。在96孔“V”形(底)血凝板上进行试验，将待检病料以pH 7.2、

0.01 moL/L 磷酸盐缓冲溶液制成 1∶(3～5)悬液,4℃冰箱过夜,离心,取上清液用 IHA 作两倍梯度连续稀释,分别滴入血凝板各孔,每孔 2 滴,同时设 FMDV 阳性抗原对照及稀释阴性对照。再加红细胞液,每孔 1 滴,于微型振荡器上振荡 1 min,混匀,室温静置 1.5～6 h,根据血凝板各孔的凝集图形即可判定结果。如 A 型红细胞诊断液与两倍稀释度的被检抗原孔凝集,阴性对照孔不凝集,且其他各型诊断液与被检抗原均不凝集,则待检抗原为 A 型,依此类推,出现两个"++"以上的血凝,应判为阳性。

(3)乳鼠中和试验。FMDV O、A、C 和 Asia Ⅰ型标准毒株以 1∶5 稀释,分别与等量被检血清混合,37℃孵育 1 h。然后分别接种 3～4 日龄乳鼠,颈背皮下注射 0.2 mL/只,每组接种 4 只。同时设健康乳鼠、生理盐水和血清对照组。每窝鼠以 1 只母鼠哺乳。接种后观察 7 d,每天记录 2 次。结果判定:先检查对照组,健康鼠、生理盐水及各型血清对照乳鼠应健活,如被检血清接种 O 型鼠毒所接种的乳鼠被保护(健活),而其他各型血清组乳鼠发病死亡,则可判定被检血清为 FMDV O 型。

(4)琼脂扩散试验。用甘氨酸、巴比妥缓冲液制备 1%的琼脂糖液,高压或加热使其完全融化,趁热加入平皿中,厚度为 3 mm,室温冷却凝固后装入湿盒内,置 4℃冰箱过夜,打孔。于中央孔滴加标准抗原,周围孔内滴加阳性对照血清和被检血清,将加样的琼脂平皿放入湿盒内,于室温或 37℃温箱中自然扩散。24 h 后,可将平皿放入暗箱上或借自然光进行观察,5～7 d 后最后判定。如加阳性血清孔与中心抗原孔之间出现清晰的沉淀线,其余被检血清孔与中心孔之间亦出现沉淀线,则为阳性;若不出现沉淀线则为阴性。

(三)检验程序

口蹄疫病毒的检验程序见图 5-1。

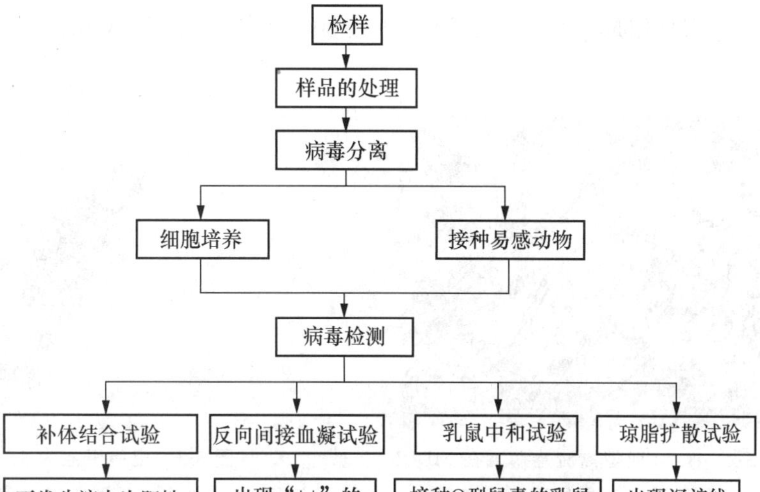

图 5-1　口蹄疫病毒的检验程序

第四节　禽流感病毒及其检验

禽流感(avian influenza,AI)是由甲型流感病毒所引起的一种急性、烈性、热性、高度传染性疾病。其病原为禽流感病毒(AIV),属于正黏病毒科甲型流感病毒属,为分节段的负链RNA病毒。禽流感病毒有多种亚型,其高致病力毒株对鸡有致病性,引起的疫病称高致病性禽流感(HPAI),是OIE(国际兽疫局)规定的A类疫病。我国把高致病性禽流感列为一类动物疫病。

禽流感分布很广,所有禽类对禽流感病毒均易感。由于禽流感病毒有严格的种属特异性,所以一般不感染人类,仅少数人在与病禽密切接触后发病。但如果病毒抗原发生明显变异,就可能在人间引起流行。禽流感给全世界的养禽业造成了巨大的经济损失,也对人类的健康造成严重的威胁,已经成为全球性的公共卫生问题。

一、生物学特性

(一)形态和结构特征

禽流感病毒一般为球形,直径为80～120 nm,但也有直径相同、长短不一的丝状形态(图5-2、图5-3)。含单股RNA,核衣壳呈螺旋对称,外有囊膜。其表面被10～12 nm的密集钉状物或纤突覆盖,它们是两种纤突糖蛋白,分别为由同源三聚体组成的棒状的血凝素蛋白(HA)和由同源四聚体组成的呈蘑菇状的神经氨酸酶蛋白(NA),HA和NA在囊膜上的比例为9∶1。

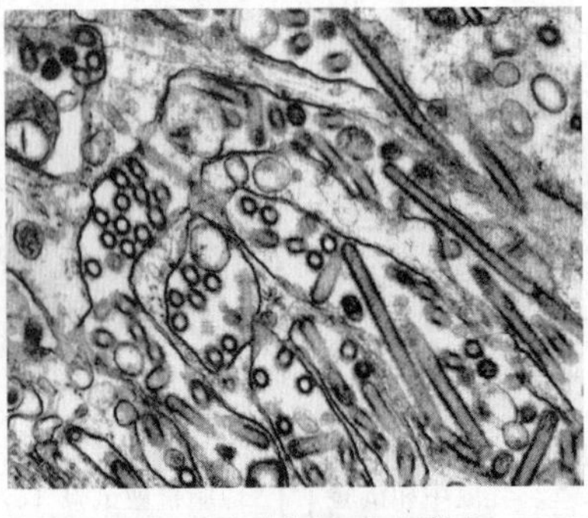

图5-2　H5Nl亚型禽流感病毒在MDCK细胞培养液中的活动状态

(引自美国疾病控制和预防中心)

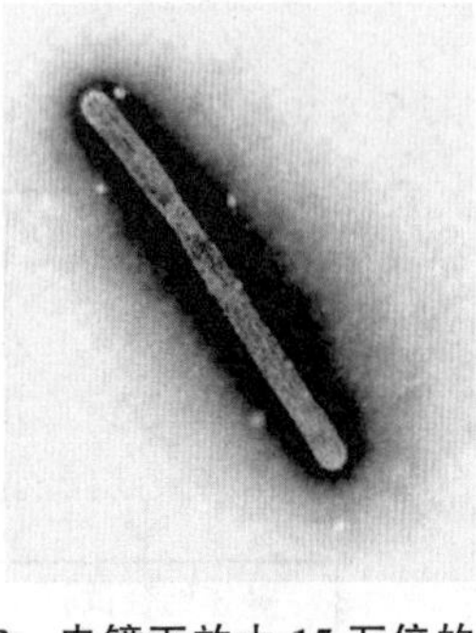

图5-3　电镜下放大15万倍的H5Nl亚型禽流感病毒

(引自美国疾病控制和预防中心)

禽流感是单股负链RNA病毒,病毒基因组由8个负股的单链RNA片段组成,分别记作片段1～8,每个片段都由核蛋白包裹形成RNP复合体并编码一种蛋白,但2个最小的RNA片段各含有2个重叠基因,具有不同的读码框架,分别编码2种蛋白,故禽流感病毒有10种病毒蛋白。其中8种是构成病毒粒子结构的结构蛋白(HA、NA、NP、M1、M2、PB1、PB2和PA),另外2种由最小RNA片段编码的蛋白为NS1和NS2,NS1与胞浆包涵体有关,但 NS1、NS2 功能尚不清楚。

在禽流感病毒基因组的 8 个负股的单链 RNA 片段中,每个片段的两端具有末端重复序列,而且所有片段的 3′端相同。基因组的各节段一端成环,由核衣壳蛋白(NP)包裹。3 个蛋白(PA、PB1、PB2)与 RNA 相连构成病毒 RNA 酶。囊膜与基质蛋白(M1)相连,另一种基质蛋白 M2 的四聚体插入 M1,构成少量的离子通道。

来源于宿主细胞膜的脂质双层构成的病毒颗粒表面有 2 种糖蛋白 HA 和 NA,以及 M2 蛋白。颗粒内部含 8 条 RNA 节段(vRNA),RNA 与核衣壳蛋白(NP)及 3 个亚单位(PA、PB1、PB2)聚合酶结合形成核糖核蛋白复合体(RNP)。

(二)理化特性与化学组成

1. 理化特性

禽流感病毒通常在 56℃条件下作用 30 min 即可灭活。在 4～40℃条件下不稳定,只能短期保存,否则感染性丢失。禽流感病毒的感染性在－10～－40℃条件下可存活两个月以上,若在－70℃以下则可以保存数年。

最适 pH 7.0～8.0,在 pH 3.0 以下或 10.0 以上感染力很快被破坏。

2. 化学组成

禽流感病毒粒子由 0.8%～1.1%的 RNA、70%～75%的蛋白质、20%～24%的脂质和 5%～8%的碳水化合物组成。各组分含量因流感病毒的多形性和感染性的不同而异。

禽流感病毒粒子的主要成分是蛋白质,共 10 种,即 PB1、PB2、PA、HA、NP、NA、M1、M2、NS1、NS2。其中 M1 构成病毒的基质膜,含量最多。

脂质位于病毒的膜内,是构成病毒粒子囊膜的主要结构之一,大部分为磷脂,少量为胆固醇和糖脂。脂质来源于宿主细胞,但流感病毒的类脂成分组成与宿主细胞并不完全相同。

流感病毒的几种碳水化合物包括核糖(位于 RNA 中)、牛乳糖、甘露糖、墨角藻糖和氨基葡糖,在病毒粒子中主要以糖蛋白或糖脂的形式存在。病毒蛋白潜在的糖基化位点是病毒基因组特异的,但病毒膜的糖蛋白或糖类链的脂质和碳水化合物链的成分是由宿主细胞确定的。

禽流感病毒囊膜表面的血凝素(HA)和神经氨酸酶(NA)都是重要的糖蛋白。HA 的作用是将病毒粒子吸附在受体细胞表面上,并与病毒的血凝活性相关;NA 通过对受体内神经氨酸的作用使新生病毒从细胞中释放出来。

(三)抵抗力

与其他有囊膜病毒一样,禽流感病毒对乙醚、丙酮和氯仿等有机溶剂均敏感,对外界的抵抗力不强,对高温、紫外线敏感。禽流感病毒可在加热、极端的 pH、非等渗和干燥的条件下失活,但当它存在于有机物,如粪便、鼻液、泪水、唾液、尸体中时能存在很长时间。特别要注意的是禽流感病毒可在凉爽和潮湿的自然环境条件下长时间存活,健康鸡一旦接触粪便污染的水源即可引起发病。禽流感病毒的传染性在 4℃条件下可保持 30～35 d,20℃条件下为 7 d,在羽毛中可存活 18 d,在冷冻的禽肉和骨髓中可存活 10 个月。

禽流感病毒对热敏感,56℃加热 30 min,60℃加热 10 min,65～70℃加热数分钟,100℃加热 1 min 可使其失去活性。禽流感病毒对低温的抵抗力较强,有甘油保护时其活性可保持一年甚至更久。病毒对冻融作用较稳定,但多次反复冻融最终会导致病毒失活。在实验室条件下，禽流感病毒可在鸡胚中生长，尿囊液中的蛋白质可以起到稳定的保护作用，病毒可在4℃保存数周，在－70℃或冻干状态下可长期保持传染性。

禽流感病毒的传染性在紫外线的直接照射下可迅速被破坏，在直射的阳光下40～48 h即可灭活病毒。紫外线能够依次破坏病毒的感染力、血凝素活性和神经氨酸酶活性。

禽流感病毒对消毒剂抵抗力不强，高效消毒剂如过氧乙酸、二氧化氯、碘伏、含氯消毒剂、醛类消毒剂对禽流感病毒都有很好的消毒效果，一些低效消毒剂也可以在一定的浓度下完全杀灭禽流感病毒。利用0.1％高锰酸钾、0.1％升汞处理3 min，75％酒精5 min，1％碘酒和1％盐酸3 min，1％甲醛30 min均可灭活病毒。

(四)血凝性

禽流感病毒能够凝集鸡、豚鼠、猫、小鼠、家兔、马、绵羊和其他动物红细胞。禽流感病毒的血凝性在－60℃条件下可以保持数年，在4℃条件下可以保持数周。

(五)抗原性

禽流感病毒的抗原结构分为H抗原和N抗原两大类。

1. H抗原

H代表血细胞凝集素(HA)，是一种纤突糖蛋白，分子质量为75 ku，由同源三聚体组成，呈棒状，由两个多肽链以二硫键连接在一起，可水解成两个独立的亚单位。

禽流感病毒对禽类的致病性取决于HA蛋白切割位点是否存在连续的碱性氨基酸序列，即HA蛋白分裂为2个亚单位的病毒才具有感染性。其作用机制为：它可使存在于宿主全身脏器的蛋白酶识别碱性氨基酸序列而将蛋白切断。高致病性病毒因其HA蛋白切割位点均具此种序列，故可在受感染的个体全身进行繁殖。反之，低致病性病毒HA切割位点无连续碱性氨基酸序列而须在呼吸道和肠道中的蛋白酶作用下进行切割，所以病毒只对局部有感染作用。另外，能否被切断也与宿主种类有关。

2. N抗原

N代表神经氨酸酶(NA)，也是一种纤突糖蛋白，分子质量为200 ku，由同源四聚体组成，呈蘑菇状。NA具有免疫原性，可诱发产生相应抗体，且NA抗体能产生免疫保护。

根据HA和NA的抗原性差异及其不同组合，可将禽流感病毒分为不同的亚型。现已发现16种HA，即H1～H16；9种NA，即N1～N9。任一种HA与任一种NA结合后即为一种血清亚型，故理论上禽流感病毒至少有144个血清亚型。现已获得包括H3、H5和H7在内的几个禽流感病毒亚型HA基因的全部序列。

二、流行病学特性

(一)致病性

甲型流感病毒因其表面蛋白血细胞凝集素(HA)和神经氨酸酶(NA)的抗原性可区分亚型(Hl～H16；N1～N9)，例如由H1N1组合而成的亚型。但不同的H抗原和N抗原所组成的亚型的致病性不同。至今，所有高致病性禽流感暴发均由H5和H7亚型病毒引起，但是并非所有H5和H7亚型病毒株都是高致病性的，只是认为多数有成为高致病性毒株的潜力。

按病原体的类型，禽流感可分为非致病性禽流感、低致病性禽流感(LPAI)和高致病性禽流感(HPAI)。

1. 非致病性禽流感

绝大多数情况下，禽流感病毒对禽类致病性表现为弱毒力，感染个体多显示无症状经过，即非致病性禽流感。非致病性禽流感不会引起明显症状，仅使感染的病禽体内产生病毒抗体。

2. 低致病性禽流感

可使禽类出现轻度呼吸道症状，导致食量减少、产蛋量下降，并出现零星死亡，如 H9 亚型。

3. 高致病性禽流感

高致病性禽流感最为严重，发病率和死亡率高，感染的鸡群常常“全军覆没”，如 H5N1、H7N3、H7N1、H7N7。近年在全球时见报道的主要是禽流感 H5N1 和 H7N7 亚型。H5Nl 禽流感病毒常导致禽类突然发生严重疾病并迅速蔓延，在 48 h 内病死率可达 100％；2003 年 2～5 月，荷兰大面积暴发 H7N7 亚型禽流感，其危害不小于 H5N1 亚型，英国、南非也曾暴发过 H7N7 型禽流感，除了给养禽业带来严重经济损失外，也可以感染人类。

感染人类的禽流感病毒主要为 H5N1、H9N2、H7N1、H7N2、H7N3、H7N7 等。1997 年发生在香港的 H5Nl 病毒是第一个未经适应性改变而跨越物种屏障感染到人的禽 H5 病毒，引起 18 人发病，6 人死亡。2003 年 H7N7 在荷兰致 1 人死亡。1999 年 3 月，香港从 2 名儿童的体内分离出 2 株 H9N2 亚型禽流感病毒，说明 H9N2 也能感染人类。

(二)传染源与传播途径

禽流感一年四季均可发生，其病毒较喜好阴凉和潮湿的环境，因此在冬季和春季多发，而夏季的流行程度则大大降低。春季是预防禽流感最主要的季节。

1. 传染源

禽流感的传染源来源较多，家禽(如鸭、鹅等)，野生鸟类，特别是迁徙性的水禽及其他动物都是禽流感病毒的传染源。

(1)来源于野生鸟类。野生水禽是 A 型禽流感病毒巨大的天然贮存库，此外，还从燕八哥、麻雀、乌鸦、燕子等多种鸟类中分离到禽流感病毒。

(2)来源于家禽。家禽中的火鸡、鸡、鸭是自然条件下最常受感染的禽种。珍珠鸡、家鹅、鹌鹑、雏鸡、鹧鸪等也可以感染禽流感，并可将病毒从一个养殖场传播到相邻养殖场的同种或异种禽群。

(3)来源于哺乳动物。禽流感病毒可以感染大量曾被认为是禽流感传播屏障的不同种类的动物。哺乳动物为禽流感病毒的潜在传播者之一，其中猪在禽流感的发生发展过程中起着重要的作用。有证据表明，火鸡的禽流感可能为猪源的流感病毒所致。猪等可作为禽流感感染人类的中间宿主。人流感病毒与禽流感病毒均可感染猪，禽流感病毒在猪等哺乳动物中间宿主中与人流感病毒杂交，可形成人流感的新毒株，火鸡和鸭的 H1N1 亚型病毒可能参与了中间传播。

2. 传播途径

禽流感的传播方式主要是水平传播。感染途径以呼吸道和消化道感染为主。

禽流感病毒存在于病禽和感染禽的消化道、呼吸道和脏器组织中，因此病毒可随眼、鼻、口腔分泌物及粪便排出体外，含禽流感病毒的分泌物、粪便、死禽尸体，污染的任何物体，如饲料、饮水、鸡舍、空气、笼具、饲养管理用具，运输车辆、昆虫以及各种携带病毒的鸟类等均可成为机械性传播媒介，通过直接接触或间接接触感染健康鸡。世界卫生组织（WHO）指出：粪便是禽流感传播的主要渠道。

目前尚无足够证据能够证明禽流感病毒能够发生垂直传播。自然感染禽流感的鸡主要以水平传播为主。

禽流感感染人的途径主要有三个。第一，禽流感病毒可直接感染人，养鸡场禽类粪便的扬尘、分泌物、唾沫的小颗粒，在空气中进入呼吸道或接触禽类的粪便后可导致人感染禽流感病毒，受污染的手随饮食而入口，或者饮用被禽流感粪便污染过的水，食用病禽所产禽蛋都可导致人感染；第二，"禽类-哺乳类-人类"模式的"二次跨越"论：即在禽类动物间流行的禽流感病毒先跨越种的界限，传给其他动物，如猪、马、鲸、貂等，而后再经过一次跨越，成为侵犯人类的病毒，这种方式通过中间宿主而使人感染，但禽流感病毒并不与人的A型流感病毒发生重排；第三，禽流感病毒与人的A型病毒在中间宿主或人体内发生重排后再感染人。

世界卫生组织明确声明：禽类产品经过安全处理并适当烹调后，可杀灭病毒，人类食用此类食物没有感染H5N1病毒的危险性。人类健康的主要危险通常是感染禽类的密切接触者，如畜群饲养家庭、生禽或活禽市场的工作人员。所以为了支持和维护消费者对禽类制品安全性的信任，加强对家养和野生鸟类的监测和对该病毒的快速检测，迅速执行控制措施是至关重要的。

三、微生物学检验

(一)检样的采取与处理

1. 检样的采取

(1)病禽。

①至少从5只濒死禽中采集样品。样品包括：泄殖腔拭子和气管拭子各5份，气管和肺的混样5份，肠管及内容物的混样5份，肝、脾、肾和脑等组织样品（不能混样）各5份。置于含2 000 IU/mL青霉素、2 mg/mL链霉素或50 μg/mL庆大霉素、10 000 IU/mL制霉菌素的缓冲液中。

②分别采集至少10只病鸡的血样（急性发病期血清）。

(2)病死禽。从死亡不久的病禽中采样，采样要求与病禽相同。但粪便和泄殖腔拭子所用的抗生素浓度应提高5倍。加入抗生素后pH应调至7.0～7.4。

2. 检样的处理

若检样需要保存和运输，则需要单独存放，不能混合。样品应密封、编号，置于有冰块的容器中运输，容器必须密封以防止渗漏。若能在24 h内送至实验室，可4℃冷藏运输；否则应−20℃冷冻运输；若暂时不用则应冷冻（−70℃或以下最好）保存。

拭样应将棉拭子充分捻动、拧干后弃去拭子，样品液经离心30 min，取上清液用作接种材料。组织样品用肉汤培养基或PBS 5～10倍稀释，研磨，制成匀浆，3 000 r/min离心30 min，取上清液作为实验样品。为了防止细菌感染，应加入2 000 IU/mL青霉素、2 000 IU/mL链霉素、1 000 IU/mL卡那霉素。此外还需要进行无菌检验。

(二)检验方法

1. 病毒分离与鉴定

取发热期或发病初期动物的呼吸道分泌物或禽类的泄殖腔拭子，以及发病动物的肝、脾、肾、胰腺、脑、肺等脏器，经常规方法除菌后，接种 9～11 日龄鸡胚尿囊腔或羊膜腔或 MDCK 细胞中，35℃孵育 2～4 d，取鸡胚尿囊液、尿囊膜、羊水或细胞培养上清液做血凝试验，若为阳性，证明有病毒繁殖，然后再用血凝抑制试验分别做病毒型和亚型的鉴定。

毒株的毒力较强时可以在 30～40 h 致死鸡胚或引起细胞病变。

2. 快速病原检测

将死亡动物组织制成切片或涂片，用荧光抗体直接检测病毒。也可以使用酶标抗体进行免疫组化染色，直接检测病料中的病毒。还可以进行 PCR 试验检测病毒 RNA。

3. 血清学试验

(1)琼脂扩散(AGP)试验。可溶性抗原和抗体在凝胶中反应，当抗原抗体分子相遇并达到适当的比例时，就会相互结合出现白色的沉淀线，以判定相应的抗体和抗原。所有 A 型流感病毒都有抗原性相似的核衣壳和基质抗原，所以 AGP 试验可以检测任何 A 型流感病毒是否存在。

(2)血凝(HA)和血凝抑制(HI)试验。禽流感病毒具有凝集某种哺乳类或禽类动物红细胞的特性，即禽流感病毒的血凝反应；特异性抗体可抑制这种反应，即禽流感病毒的血凝抑制反应。血凝抑制试验可以鉴定病毒和检测血清中的抗体水平。

技能实训部分

技能训练一　动物产品微生物学检验样品的制备

一、实训目标

通过讲授与现场操作，掌握肉、蛋、奶等动物产品微生物学检验样品的制备。

二、设备材料

采样箱、灭菌塑料袋、有盖搪瓷盘、灭菌刀、剪刀、镊子、灭菌棉签、温度计、编号牌(或蜡笔、纸)、搅拌棒、勺子、灭菌具塞广口瓶、酒精棉球、酒精灯和乙醇、编号用蜡笔和纸、灭菌电钻和钻头、灭菌搅拌棒、金属制双层旋转式套管采样器、灭菌铝铲、灭菌玻璃漏斗。

三、内容及方法

(一)肉与肉制品检样的制备

1. 样品的采取和送检

参照第二章检验样品的采集中肉与肉制品的采集。

2. 检样的处理

参照第二章检样的处理中肉与肉制品的处理。

3. 棉拭采样法和检样处理

检验肉禽及其制品受污染的程度，一般可用 5 cm^2 的金属制规板压在受检样品上，将灭菌棉拭稍蘸湿，在板孔 5 cm^2 的范围内揩抹多次，然后将规板孔移压另一点，用另一棉拭揩抹，如此共移压揩抹 10 个点，共用 10 支棉拭。

棉拭揩抹完毕后应立即剪断或烧断后投入盛有 50 mL 灭菌水的三角瓶或大试管中，立即送检。检验时先充分振摇，吸取瓶、管中的液体，作为原液，再按要求做 10 倍倍比稀释。

(二)蛋与蛋制品检样的制备

1. 样品的采取和送检

参照第二章检验样品的采集中蛋与蛋制品的采集。

2. 检样的处理

参照第二章检样的处理中蛋与蛋制品的处理。

(三)乳与乳制品检样的制备

1. 样品的采取和送检

参照第二章检验样品的采集中乳与乳制品的采集。

2. 检样的处理

参照第二章检样的处理中乳与乳制品的处理。

技能训练二 菌落总数的测定

一、实训目标

通过讲授与现场操作，掌握细菌菌落总数的测定方法。

二、设备材料

恒温培养箱、冰箱：2～5℃、恒温水浴箱、天平、均质器、振荡器、无菌吸管 1 mL（具 0.01 mL 刻度）、10 mL（具 0.1 mL 刻度）或微量移液器及吸头、无菌锥形瓶、无菌培养皿、pH 计或 pH 比色管或精密 pH 试纸、放大镜或菌落计数器、平板计数琼脂培养基、无菌磷酸盐缓冲液、无菌生理盐水。

三、内容及方法

1. 试验准备

（1）平板计数琼脂培养基的制备。称取胰蛋白胨 5.0 g、酵母浸膏 2.5 g、葡萄糖 1.0 g、琼脂 15.0 g 加于 1 000 mL 蒸馏水中，煮沸溶解，调节 pH 7.0±0.2。分装试管或锥形瓶，121℃高压灭菌 20 min。

（2）无菌磷酸盐缓冲液的配制。贮存液：称取 34.0 g 的磷酸二氢钾溶于 500 mL 蒸馏水中，用大约 175 mL 的 1 mol/L 氢氧化钠溶液调节 pH 7.2，用蒸馏水稀释至 1 000 mL 后贮存于冰箱。稀释液：取贮存液 1.25 mL，用蒸馏水稀释至 1 000 mL，分装于适宜容器中，121℃高压灭菌 20 min。

2. 操作步骤

（1）样品的稀释

参照第三章常规检验法（GB/T 4789.2—2016）的操作进行。

（2）培养

①待琼脂凝固后，将平板翻转，(36±1)℃培养(48±2) h。

②菌落计数。菌落计数方法及注意事项参照本教材细菌学检验总论章节内容进行。

3. 结果与报告

菌落计数的结果与报告参照本教材细菌学检验总论章节内容进行。其中菌落总数的计算公式为：

$$N=\frac{\sum C}{(n_1+0.1n_2)d}$$

式中：N 为样品中菌落数；$\sum C$ 为平板（含适宜范围菌落数的平板）菌落数之和；n_1 为第一稀

释度(低稀释倍数)平板个数;n_2 为第二稀释度(高稀释倍数)平板个数;d 为稀释因子(第一稀释度)。

示例:

稀释度	1∶100(第一稀释度)	1∶1000(第二稀释度)
菌落数(CFU)	232,244	33,35

$$N=\frac{\sum C}{(n_1+0.1n_2)d}=\frac{232+244+33+35}{(2+0.1\times 2)\times 10^{-2}}=\frac{544}{0.022}=24\ 727$$

最终表示为 25 000 或 2.5×10^4。

4. 检验注意事项

①对照平板出现几个菌落时,要追加对照平板。

②吸管进出瓶子或试管时,吸管口不得触及瓶口、管口的外围部分。

③吸管插入试样液内的深度不得小于 2.5 cm,调整时要使管尖与容器内壁紧贴。

④进行稀释时,吸管口不得与稀释液接触。

⑤检样从开始稀释到倾注最后一个平皿所用时间不宜超过 20 min。

⑥为防止细菌增殖产生片状菌落,在检液加入平皿后,应在 20 min 倾入琼脂,并立即使之与琼脂混合均匀。(在平面上先左右摇动,后顺时针和逆时间旋转)。

⑦加入平皿内的检样稀释液有时带有检样颗粒,需加做空白平皿对照放在 4℃的环境中,以便计数时排除颗粒的影响。

⑧稀释倍数愈高菌落数愈少,稀释倍数愈低菌落数愈多。如出现逆反现象,不可作为检样计数报告的依据。

技能训练三 大肠菌群的测定

一、实训目标

通过讲授与现场操作,掌握大肠菌群的测定方法。

二、设备材料

恒温培养箱、冰箱、恒温水浴箱、天平、均质器、振荡器、无菌吸管(1 mL、10 mL)或微量移液器及吸头、无菌锥形瓶、无菌培养皿、pH 计或 pH 比色管或精密 pH 试纸、菌落计数器、月桂基硫酸盐胰蛋白胨(LST)肉汤、煌绿乳糖胆盐(BGLB)肉汤、结晶紫中性红胆盐琼脂(VRBA)、无菌磷酸盐缓冲液、无菌生理盐水、1 mol/L NaOH 溶液、1 mol/L HCl 溶液。

三、试验方法

(一)试验准备

1. 月桂基硫酸盐胰蛋白胨(LST)肉汤的制备

称取胰蛋白胨或胰酪胨20.0 g、氯化钠5.0 g、乳糖5.0 g、磷酸氢二钾(K_2HPO_4)2.75 g、磷酸二氢钾(KH_2PO_4)2.75 g、月桂基硫酸钠0.1 g溶解于1 000 mL蒸馏水中,调节pH至6.8±0.2。分装到有玻璃小倒管的试管中,每管10 mL。121℃高压灭菌15 min。

2. 煌绿乳糖胆盐(BGLB)肉汤的制备

将蛋白胨10.0 g、乳糖10.0 g溶于约500 mL蒸馏水中,加入牛胆粉溶液200 mL(将20.0 g脱水牛胆粉溶于200 mL蒸馏水中,调节pH 7.0~7.5),用蒸馏水稀释到975 mL,调节pH 7.2±0.2,再加入0.1%煌绿水溶液13.3 mL,用蒸馏水补足到1 000 mL,用棉花过滤后,分装到有玻璃小倒管的试管中,每管10 mL。121℃高压灭菌20 min。

3. 结晶紫中性红胆盐琼脂(VRBA)的制备

称取蛋白胨7.0 g、酵母膏3.0 g、乳糖10.0 g、氯化钠5.0 g、胆盐或3号胆盐1.5 g、中性红0.03 g、结晶紫0.002 g、琼脂15~18 g,溶于1 000 mL蒸馏水中,静置几分钟,充分搅拌,调节pH 7.2±0.2。煮沸2 min,将培养基融化并恒温至45~50℃倾注平板。使用前临时制备,不得超过3 h。

(二)操作步骤

1. 第一法:大肠菌群MPN计数的检验

(1)样品的稀释。

①固体和半固体样品。称取25 g样品,放入盛有225 mL磷酸盐缓冲液或生理盐水的无菌均质容器内,8 000~10 000 r/min均质1~2 min,制成1∶10的样品匀液。

②液体样品。以无菌吸管吸取25 mL样品置盛有225 mL磷酸盐缓冲液或生理盐水的无菌锥形瓶(瓶内预置适当数量的无菌玻璃珠)中,充分混匀,制成1∶10的样品匀液。

③样品匀液的pH应在6.5~7.5之间,必要时分别用1 mol/L氢氧化钠或1 mol/L HCl调节。

④用1 mL无菌吸管或微量移液器吸取1∶10样品匀液1 mL,沿管壁缓缓注入盛有9 mL磷酸盐缓冲液或生理盐水的无菌试管中(注意吸管或吸头尖端不要触及稀释液面),振摇试管或换用1支1 mL无菌吸管反复吹打,使其混合均匀,制成1∶100的样品匀液。

⑤根据对样品污染状况的估计,按上述操作,依次制成十倍递增系列稀释样品匀液。每递增稀释1次,换用1支1 mL无菌吸管或吸头。从制备样品匀液至样品接种完毕,全过程不得超过15 min。

(2)初发酵试验。每个样品,选择3个适宜的连续稀释度的样品匀液(液体样品可以选择原液),每个稀释度接种3管月桂基硫酸盐胰蛋白胨(LST)肉汤,每管接种1 mL(如接种量超过1 mL,则用双料LST肉汤),(36±1)℃培养(24±2) h,观察倒管内是否有气泡产生,(24±2) h产气者进行复发酵试验(证实试验),如未产气则继续培养至(48±2) h,产气者进行复发酵试验。未产气者为大肠菌群阴性。

(3)复发酵试验(证实试验)。用接种环从产气的 LST 肉汤管中分别取培养物 1 环,移种于煌绿乳糖胆盐肉汤(BGLB)管中,(36±1)℃培养(48±2) h,观察产气情况。产气者,计为大肠菌群阳性管。

(4)大肠菌群最可能数(MPN)的报告。按(3)确证的大肠菌群 BGLB 阳性管数,检索 MPN 表(第三章大肠菌群检验中的三步法),报告每克(毫升)样品中大肠菌群的 MPN 值。

2. 第二法大肠菌群平板计数法

(1)样品的稀释(同上)。

(2)平板计数。

①选取 2～3 个适宜的连续稀释度,每个稀释度接种 2 个无菌平皿,每皿 1 mL。同时取 1 mL 生理盐水加入无菌平皿作空白对照。

②及时将 15～20 mL 融化并恒温至 46℃左右的结晶紫中性红胆盐琼脂(VRBA)倾注于每个平皿中。小心旋转平皿,将培养基与样液充分混匀,待琼脂凝固后,再加 3～4 mL VRBA 覆盖平板表层。翻转平板,置于(36±1)℃培养 18～24 h。

(3)平板菌落数的选择。选取菌落数在 15～150 CFU 之间的平板,分别计数平板上出现的典型和可疑大肠菌群菌落(如菌落直径较典型菌落小)。典型菌落为紫红色,菌落周围有红色的胆盐沉淀环,菌落直径为 0.5 mm 或更大,最低稀释度平板菌落数低于 15 CFU 的记录具体菌落数。

(4)证实试验。从 VRBA 平板上挑取 10 个不同类型的典型和可疑菌落,少于 10 个菌落的挑取全部典型和可疑菌落。分别移种于 BGLB 肉汤管内,(36±1)℃培养 24～48 h,观察产气情况。凡 BGLB 肉汤管产气,即可报告为大肠菌群阳性。

(5)大肠菌群平板计数的报告。经最后证实为大肠菌群阳性的试管比例乘以(3)中计数的平板菌落数,再乘以稀释倍数,即为每克(毫升)样品中大肠菌群数。若所有稀释度(包括液体样品原液)平板均无菌落生长,则以小于 1 乘以最低稀释倍数计算。

技能训练四　动物产品致泻大肠埃希氏菌的检验

一、实训目标

通过讲授与现场操作,掌握致泻大肠埃希氏菌的检验方法。

二、设备材料

恒温培养箱、冰箱、恒温水浴箱、电子天平、普通光学显微镜、均质器、振荡器、无菌吸管(1 mL:具 0.01 mL 刻度,10 mL:具 0.1 mL 刻度)或微量移液器及吸头、无菌均质杯或无菌均质袋、无菌培养皿、pH 计或精密 pH 试纸、微量离心管、接种环、低温高速离心机、微生物鉴定系统、营养肉汤、肠道菌增菌肉汤、麦康凯琼脂(MAC)、伊红美蓝琼脂(EMB)、三糖铁(TSI)琼脂、蛋白胨水、靛基质试剂、半固体琼脂、尿素琼脂(pH 7.2、氰化钾)培养基、氧化酶试剂、革兰染色液、BHI肉汤、福尔马林(含38%～40%甲醛)、鉴定试剂盒、大肠埃希氏菌诊断血清。

三、试验方法

(一)试剂配制

1. 营养肉汤

称取蛋白胨10.0 g、牛肉膏3.0 g、氯化钠5.0 g，加入1 000 mL蒸馏水，加热溶解，冷却至25℃左右，校正pH至7.4±0.2，分装适当的容器。121℃灭菌15 min。

2. 肠道菌增菌肉汤

称取蛋白胨10.0 g、葡萄糖5.0 g、牛胆盐20.0 g、磷酸氢二钠8.0 g、磷酸二氢钾2.0 g、煌绿0.015 g加入1 000 mL蒸馏水中，加热溶解，冷却至25℃左右，校正pH至7.2±0.2，分装每瓶30 mL。115℃灭菌20 min。

3. 麦康凯琼脂(MAC)

称取蛋白胨20.0 g、乳糖10.0 g、3号胆盐1.5 g、氯化钠5.0 g、中性红0.03 g、结晶紫0.001 g、琼脂15.0 g加入1 000 mL蒸馏水中，加热溶解，校正pH至7.2±0.2。121℃高压灭菌15 min。冷却至45～50℃，倾注平板。(注：如不立即使用，在2～8℃条件下可储存两周。)

4. 伊红美蓝(EMB)琼脂

在1 000 mL蒸馏水中煮沸溶解蛋白胨10.0 g、磷酸氢二钾(K_2HPO_4)2.0 g和乳糖10.0 g，加水补足，冷却至25℃左右，校正pH至7.2±0.2。再加入琼脂15.0 g，121℃高压灭菌15 min。冷却至45～50℃，加入2%伊红水溶液20.0 mL和0.5%美蓝水溶液13.0 mL，摇匀，倾注平皿。

5. 三糖铁琼脂(TSI)

称重蛋白胨20.0 g、牛肉浸膏5.0 g、乳糖10.0 g、蔗糖10.0 g、葡萄糖1.0 g、硫酸亚铁铵0.2 g、氯化钠5.0 g、硫代硫酸钠0.2 g加于400 mL水中，搅拌均匀，静置约10 min，加热使完全溶化，冷却至25℃左右，校正pH至7.4±0.2。另将琼脂12.0 g加于600 mL水中，静置约10 min，加热使之完全溶化。将两溶液混合均匀，加入5%酚红水溶液5 mL，混匀，分装小号试管，每管约3 mL。于121℃灭菌15 min，制成斜面，斜面培养基冷却后呈橘红色。如不立即使用，在2～8℃条件下可储存1个月。

6. 蛋白胨水、靛基质试剂

(1)蛋白胨水。称量胰蛋白胨20.0 g、氯化钠5.0 g蒸馏水1 000 mL混合加热溶解，冷却至25℃左右，校正pH至7.4±0.2，分装小试管，121℃高压灭菌15 min。注：此试剂在2～8℃条件下可储存1个月。

(2)靛基质试剂。

①柯凡克试剂。将5 g对二甲氨基苯甲醛溶解于75 mL戊醇中。然后缓慢加入浓盐酸25 mL。

②欧-波试剂：将1 g对二甲氨基苯甲醛溶解于95 mL 95%乙醇内。然后缓慢加入浓盐酸20 mL。

7. 半固体琼脂

称量蛋白胨 1.0 g、牛肉膏 0.3 g、氯化钠 0.5 g、琼脂 0.3～0.5 g、蒸馏水 100.0 mL，加热溶解，冷却至 25℃左右，校正 pH 至 7.4±0.2，分装小试管。121℃灭菌 15 min，直立凝固备用。

8. 尿素琼脂(pH 7.2)

称取蛋白胨 1.0 g、氯化钠 5.0 g、葡萄糖 1.0 g、磷酸二氢钾 2.0 g，加入 1 000 mL 蒸馏水中，加热溶解，冷却至 25℃左右，校正 pH 至 7.2±0.2，加入琼脂 20.0 g、0.4%酚红指示剂 3.0 mL，混匀，于 121℃灭菌 15 min。冷却至约 55℃，加入用 0.22 μm 过滤膜除菌后的 20%尿素水溶液 100 mL，混匀，以无菌操作分装灭菌试管，每管 3～4 mL，制成斜面后放冰箱备用。

9. 氰化钾(KCN)培养基

称量蛋白胨 10.0 g、氯化钠 5.0 g、磷酸二氢钾 0.225 g、磷酸氢二钠 5.64 g 加入 1 000 mL 蒸馏水中，煮沸溶解，分装后 121℃高压灭菌 15 min。放在冰箱内使其充分冷却。每 100 mL 培养基加入 0.5%氰化钾溶液 2.0 mL(最后浓度为 1∶10 000)，分装于无菌试管内，每管约 4 mL，立刻用无菌橡皮塞塞紧，放在 4℃冰箱内，至少可保存 2 个月。同时，将不加氰化钾的培养基作为对照培养基，分装试管备用。

10. 氧化酶试剂

称量 N，N′-二甲基对苯二胺盐酸盐或 N，N，N′，N′-四甲基对苯二胺盐酸盐 1.0 g 加入 100 mL 蒸馏水中，于 2～8℃冰箱内避光保存，在 7 d 内使用。

11. BHI 肉汤

称量小牛脑浸液 200 g、牛心浸液 250 g、蛋白胨 10.0 g、NaCl 5.0 g、葡萄糖 2.0 g、磷酸氢二钠(Na_2HPO_4)2.5 g 加入蒸馏水 1 000 mL，加热溶解，冷却至 25℃左右，校正 pH 至 7.4±0.2，分装小试管，121℃灭菌 15 min。

(二)方法步骤

详见第四章致病性大肠杆菌检验(GB 4789.6—2016)。

技能训练五　动物产品沙门氏菌的检验

一、实训目标

通过讲授与现场操作，掌握食品中沙门氏菌的测定方法。

二、设备和材料

冰箱、恒温培养箱、均质器、振荡器、电子天平、无菌锥形瓶、无菌吸管(1 mL、10 mL)或微量移液器及吸头、无菌培养皿(直径 60 mm，90 mm)、无菌试管(3 mm×50 mm、10 mm×75 mm)、pH 计或 pH 比色管或精密 pH 试纸、全自动微生物生化鉴定系统、无菌毛细管缓冲蛋白胨水(BPW)、四硫磺酸钠煌绿(TTB)增菌液、亚硒酸盐胱氨酸(SC)增菌液、亚硫酸铋

(BS)琼脂、HE琼脂、木糖赖氨酸脱氧胆盐(XLD)琼脂、沙门氏菌属显色培养基、三糖铁(TSI)琼脂、蛋白胨水、靛基质试剂、尿素琼脂(pH 7.2)、氰化钾(KCN)培养基、赖氨酸脱羧酶试验培养基、糖发酵管、邻硝基酚β-D半乳糖苷(ONPG)培养基、半固体琼脂、丙二酸钠培养基、沙门氏菌O、H和Vi诊断血清、生化鉴定试剂盒。

三、实验方法

(一)试剂准备

1. 四硫磺酸钠煌绿(TTB)增菌液

(1)基础液的配制。称取蛋白胨10.0 g、牛肉膏5.0 g、氯化钠3.0 g,加入1 000 mL蒸馏水中,煮沸溶解,再加入碳酸钙45.0 g,调节pH至7.0±0.2,高压灭菌121℃,20 min。

(2)硫代硫酸钠溶液。硫代硫酸钠(含5个结晶水)50.0 g加蒸馏水至100 mL,高压灭菌121℃,20 min。

(3)碘溶液。25.0 g碘化钾充分溶解于少量的蒸馏水中,再投入碘片20.0 g,振摇玻瓶至碘片全部溶解为止,然后加蒸馏水至100 mL,贮存于棕色瓶内,塞紧瓶盖备用。

(4)0.5%煌绿水溶液。煌绿0.5 g加入蒸馏水100 mL溶解后,存放暗处,不少于1 d,使其自然灭菌。

(5)牛胆盐溶液。牛胆盐10.0 g加入蒸馏水100 mL,加热煮沸至完全溶解,高压灭菌121℃,20 min。

(6)制法。基础液900 mL,临用前按下列顺序:硫代硫酸钠溶液100 mL,碘溶液20.0 mL,煌绿水溶液2.0 mL,牛胆盐溶液50.0 mL,以无菌操作依次加入基础液中,每加入一种成分,均应摇匀后再加入另一种成分。

2. 亚硒酸盐胱氨酸(SC)增菌液

称量蛋白胨5.0 g、乳糖4.0 g、磷酸氢二钠10.0 g加入1 000 mL蒸馏水中,煮沸溶解,冷却至55℃以下,以无菌操作加入亚硒酸氢钠4.0 g和1 g/L L-胱氨酸溶液10 mL(称取0.1 g L-胱氨酸,加1 mol/L氢氧化钠溶液15 mL,使溶解,再加无菌蒸馏水至100 mL即成,如为DL-胱氨酸,用量应加倍)。摇匀,调节pH至7.0±0.2。

3. 亚硫酸铋(BS)琼脂

牛肉膏5 g、蛋白胨10 g、葡萄糖5.0 g加入300 mL蒸馏水(制作基础液),硫酸亚铁0.3 g和磷酸氢二钠4.0 g分别加入20 mL和30 mL蒸馏水中,柠檬酸铋铵2.0 g和亚硫酸钠6.0 g分别加入另一20 mL和30 mL蒸馏水中,琼脂18.0～20.0 g加入600 mL蒸馏水中。然后分别搅拌均匀,煮沸溶解。冷至80℃左右时,先将硫酸亚铁和磷酸氢二钠混匀,倒入基础液中,混匀。将柠檬酸铋铵和亚硫酸钠混匀,倒入基础液中,再混匀。调节pH至7.5±0.2,随即倾入琼脂液中,混合均匀,冷至50～55℃。加入煌绿0.025 g或5.0 g/L水溶液5.0 mL,充分混匀后立即倾注平皿。

注:本培养基不需要高压灭菌,在制备过程中不宜过分加热,避免降低其选择性,贮于室温暗处,超过48 h会降低其选择性,本培养基宜于当天制备,第二天使用。

4. HE琼脂

将蛋白胨12.0 g、牛肉膏3.0 g、乳糖12.0 g、蔗糖12.0 g、水杨素2.0 g、胆盐20.0 g、氯

化钠 5.0 g 溶解于 400 mL 蒸馏水内作为基础液；将琼脂 18.0～20.0 g 加入于 600 mL 蒸馏水内。然后分别搅拌均匀，煮沸溶解。加入甲液和乙液于基础液内，调节 pH 至 7.5±0.2。再加 Andrade 指示剂 20.0 mL，并与琼脂液合并，待冷却至 50～55℃倾注平皿。

注：①本培养基不需要高压灭菌，在制备过程中不宜过分加热，避免降低其选择性。

②甲液的配制。硫代硫酸钠 34.0 g，柠檬酸铁铵 4.0 g 加入蒸馏水 100 mL

③乙液的配制。去氧胆酸钠 10.0 g 加入蒸馏水 100 mL。

④Andrade 指示剂。将酸性复红 0.5 g 溶解于 100 mL 蒸馏水中，加入 1 mol/L 氢氧化钠溶液 15.0 mL。数小时后如复红褪色不全，再加氢氧化钠溶液 1～2 mL。

5. 木糖赖氨酸脱氧胆盐(XLD)琼脂

将酵母膏 3.0 g、*L*-赖氨酸 5.0 g、木糖 3.75 g、乳糖 7.5 g、蔗糖 7.5 g、去氧胆酸钠 2.5 g、柠檬酸铁铵 0.8 g、硫代硫酸钠 6.8 g、氯化钠 5.0 g 加入 400 mL 蒸馏水中，煮沸溶解，调节 pH 至 7.4±0.2。另将 15.0 g 琼脂加入 600 mL 蒸馏水中，煮沸溶解。将上述两溶液混合均匀后，再加入酚红 0.08 g，待冷至 50～55℃倾注平皿。

注：本培养基不需要高压灭菌，在制备过程中不宜过分加热，避免降低其选择性，贮于室温暗处。本培养基宜于当天制备，第二天使用。

6. 赖氨酸脱羧酶试验培养基

称取蛋白胨 5.0 g、酵母浸膏 3.0 g、葡萄糖 1.0 g、1.6%溴甲酚紫-乙醇溶液 1.0 mL 加入 1 000 mL 蒸馏水中，加热溶解后分装，每瓶 100 mL，分别加入 0.5 g/100 mL *L*-赖氨酸 0.5%或 1.0 g/100 mL *DL*-赖氨酸 1%，调节 pH 至 6.8±0.2。对照培养基不加赖氨酸。分装于无菌的小试管内，每管 0.5 mL，上面滴加一层液体石蜡，115℃高压灭菌 10 min。

(二)试验方法

1. 预增菌

无菌操作称取 25 g(mL)样品，置于盛有 225 mL BPW 的无菌均质杯或合适容器内，以 8 000～10 000 r/min 均质 1～2 min，或置于盛有 225 mL BPW 的无菌均质袋中，用拍击式均质器拍打 1～2 min。若样品为液态，不需要均质，振荡混匀。如需调整 pH，用 1 mol/mL 无菌 NaOH 或 HCl 调 pH 6.8±0.2。无菌操作将样品转至 500 mL 锥形瓶或其他合适容器内(如均质杯本身具有无孔盖，可不转移样品)，如使用均质袋，可直接进行培养，于(36±1)℃培养 8～18 h。如为冷冻产品，应在 45℃以下不超过 15 min，或 2～5℃不超过 18 h 解冻。

2. 增菌

轻轻摇动培养过的样品混合物，移取 1 mL，转种于 10 mL TTB 内，于(42±1)℃培养 18～24 h。同时，另取 1 mL，转种于 10 mL SC 内，于(36±1)℃培养 18～24 h。

3. 分离

分别用直径 3 mm 的接种环取增菌液 1 环，划线接种于一个 BS 琼脂平板和一个 XLD 琼脂平板(或 HE 琼脂平板或沙门氏菌属显色培养基平板)，于(36±1)℃分别培养 40～48 h(BS 琼脂平板)或 18～24 h(XLD)琼脂平板、HE 琼脂平板、沙门氏菌属显色培养基平板，观察各个平板上生长的菌落，观察特征性菌落。

4. 生化试验

(1)自选择性琼脂平板上分别挑取 2 个以上典型或可疑菌落，接种三糖铁琼脂，先在斜面划线，再于底层穿刺；接种针不要灭菌，直接接种赖氨酸脱羧酶试验培养基和营养琼脂平板，于(36±1)℃培养 18～24 h，必要时可延长至 48 h。

(2)接种三糖铁琼脂和赖氨酸脱羧酶试验培养基的同时，可直接接种蛋白胨水(供做靛基质试验)、尿素琼脂(pH 7.2)、氰化钾(KCN)培养基，也可在初步判断结果后从营养琼脂平板上挑取可疑菌落接种。于(36±1)℃养基，也培养 18～24 h，必要时可延长至 48 h，将已挑菌落的平板储存于 2～5℃或室温至少保留 24 h，以备必要时复查。

(3)如选择生化鉴定试剂盒或全自动微生物生化鉴定系统，可根据 3 的初步判断结果，从营养琼脂平板上挑取可疑菌落，用生理盐水制备成浊度适当的菌悬液，使用生化鉴定试剂盒或全自动微生物生化鉴定系统进行鉴定。

5. 血清学鉴定

(1)检查培养物有无自凝性。一般采用 1.2%～1.5%琼脂培养物作为玻片凝集试验用的抗原。首先排除自凝集反应，在洁净的玻片上滴加一滴生理盐水，将待试培养物混合于生理盐水滴内，使成为均一性的混浊悬液，将玻片轻轻摇动 30～60 s，在黑色背景下观察反应(必要时用放大镜观察)，若出现可见的菌体凝集，即认为有自凝性，反之无自凝性。对无自凝的培养物参照下面方法进行血清学鉴定。

(2)多价菌体抗原(O)鉴定。在玻片上划出 2 个约 1 cm 的区域，挑取 1 环待测菌，各放 1/2 环于玻片上的每一区域上部，在其中一个区域下部加 1 滴多价菌体(O)抗血清，在另一区域下部加入 1 滴生理盐水，作为对照。再用无菌的接种环或针分别将两个区域内的菌苔研成乳状液。将玻片倾斜摇动混合 1 min，并对着黑暗背景进行观察，任何程度的凝集现象皆为阳性反应。O 血清不凝集时，将菌株接种在琼脂量较高的(如 2%～3%)培养基上再检查；如果是由于 Vi 抗原的存在而阻止了 O 凝集反应时，可挑取菌苔于 1 mL 生理盐水中做成浓菌液，于酒精灯火焰上煮沸后再检查。

(3)多价鞭毛抗原(H)鉴定。操作同(2)。H 抗原发育不良时，将菌株接种在 0.55%～0.65%半固体琼脂平板的中央，待菌落蔓延生长时，在其边缘部分取菌检查；或将菌株通过接种装有 0.3%～0.4%半固体琼脂的小玻管 1～2 次，自远端取菌培养后再检查。

6. 血清学分型(选做项目)

四、结果与报告

综合以上生化试验和血清学鉴定的结果，报告 25 g(mL)样品中检出或未检出沙门氏菌。

技能训练六　动物产品金黄色葡萄球菌的检验

一、实训目标

通过讲授与现场操作，掌握金黄色葡萄球菌的检验方法。

二、设备材料

恒温培养箱、冰箱、恒温水浴箱、天平、均质器、振荡器、无菌吸管(1 mL、10 mL)或微量移液器及吸头、无菌锥形瓶、无菌培养皿、涂布棒、pH 计或 pH 比色管或精密 pH 试纸、7.5%氯化钠肉汤、血琼脂平板、Baird-Parker 琼脂平板、脑心浸出液肉汤(BHI)、兔血浆、磷酸盐缓冲液、营养琼脂小斜面、革兰染色液、无菌生理盐水。

三、实验操作

(一)试验准备

1. 7.5%氯化钠肉汤的配制

称取蛋白胨 10.0 g、牛肉膏 5.0 g、氯化钠 75 g、加入 1 000 mL 蒸馏水加热溶解，调节 pH 7.2±0.2，分装，每瓶 225 mL，121℃高压灭菌 15 min。

2. 血琼脂平板的配制

将豆粉琼脂(pH 7.5±0.2)100 mL 灭菌处理，冷却至 50℃，加入脱纤维羊血(或兔血)5～10 mL，摇匀，倾注平板。

3. Baird-Parker 琼脂平板的配制

①增菌剂的配制。30%卵黄盐水 50 mL 与通过 0.22 μm 孔径滤膜进行过滤除菌的 1%亚碲酸钾溶液 10 mL 混合，保存于冰箱内。

②平板的配制。胰蛋白胨 10.0 g、牛肉膏 5.0 g、酵母膏 1.0 g、丙酮酸钠 10.0 g、甘氨酸 12.0 g、氯化锂 5.0 g、琼脂 20.0 g 加到 950 mL 蒸馏水中，加热煮沸至完全溶解，调节 pH 至 7.0±0.2。分装每瓶 95 mL，121℃高压灭菌 15 min。临用时加热溶化琼脂，冷却至 50℃，每 95 mL 加入预热至 50℃的卵黄亚碲酸钾增菌剂 5 mL 摇匀后倾注平板。使用前在冰箱储存不得超过 48 h。

4. 脑心浸出液肉汤(BHI)的配制

称取胰蛋白质胨 10.0 g、氯化钠 5.0 g、磷酸氢二钠($12H_2O$)2.5 g、葡萄糖 2.0 g、加入 500 mL 的牛心浸出液中，加热溶解，调节 pH 至 7.4±0.2，分装 16 mm×160 mm 试管，每管 5 mL，置 121℃、15 min 灭菌。

5. 兔血浆的配制

取柠檬酸钠 3.8 g，加蒸馏水 100 mL，溶解后过滤，装瓶，121℃高压灭菌 15 min。取 3.8%柠檬酸钠溶液一份，加兔全血 4 份，混好静置(或以 3 000 r/min 离心 30 min)，使血液细胞沉降，即可得血浆。

6. 营养琼脂小斜面的配制

称取蛋白胨 10.0 g、牛肉膏 3.0 g、氯化钠 5.0 g 溶解于 1 000 mL 蒸馏水内，加入 15%氢氧化钠溶液约 2 mL 调节 pH 至 7.3±0.2。加入 15.0～20.0 g 琼脂，加热煮沸，使琼脂溶化，分装 13 mm×130 mm 试管，121℃高压灭菌 15 min。

(二)操作方法

第一法金黄色葡萄球菌定性检验。详见第四章金黄色葡萄球菌检验(GB 4789.10—2016)。

四、结果与报告

结果判定：染色结果为革兰阳性球菌、排列呈葡萄球状、无芽孢、无荚膜及血浆凝固酶试验阳性即可判定为金黄色葡萄球菌。

结果报告：在 25 g(mL)样品中检出或未检出金黄色葡萄球菌。

技能训练七　动物产品肉毒梭菌及肉毒毒素检验

一、实训目标

通过讲授与现场操作，掌握肉毒梭菌及肉毒毒素的测定方法。

二、设备和材料

冰箱、天平、无菌手术剪、镊子、试剂勺、均质器或无菌乳钵、离心机、厌氧培养装置、恒温培养箱、恒温水浴箱、显微镜、可调微量移液器、无菌吸管、无菌锥形瓶、培养皿、离心管、无菌注射器、小鼠、庖肉培养基、胰蛋白酶胰蛋白胨葡萄糖酵母膏肉汤(TPGYT)、卵黄琼脂培养基、明胶磷酸盐缓冲液、革兰染色液、10%胰蛋白酶溶液、磷酸盐缓冲液(PBS)、1 mol/L 氢氧化钠溶液、1 mol/L 盐酸溶液、肉毒毒素诊断血清、无水乙醇和 95%乙醇、10 mg/mL 溶菌酶溶液、10 mg/mL 蛋白酶 K 溶液、3 mol/L 乙酸钠溶液。

三、试验方法

(一)材料准备

1. 庖肉培养基

称取新鲜除去脂肪与筋膜的牛肉 500.0 g，切碎，加入蒸馏水 1 000 mL 和 1 moL/L 氢氧化钠溶液 25 mL，搅拌煮沸 15 min，充分冷却，除去表层脂肪，纱布过滤并挤出肉渣余液，分别收集肉汤和碎肉渣。在肉汤中加入蛋白胨 30.0 g、酵母浸膏 5.0 g、磷酸二氢钠 5.0 g、葡萄糖 3.0 g、可溶性淀粉 2.0 g，并用蒸馏水补足至 1 000 mL，调节 pH 至 7.4±0.1，肉渣凉至半干。在 20 mm×150 mm 试管中先加入碎肉渣 1～2 cm 高，每管加入还原铁粉 0.1～0.2 g 或少许铁屑，再加入配制肉汤 15 mL，最后加入液体石蜡覆盖培养基 0.3～0.4 cm，121℃高压蒸汽灭菌 20 min。

2. 胰蛋白酶胰蛋白胨葡萄糖酵母膏肉汤(TPGYT)

将胰酪胨 50.0 g、蛋白胨 5.0 g、酵母浸膏 20.0 g、葡萄糖 4.0 g、硫乙醇酸钠 1.0 g 溶于 1 000 mL 蒸馏水中，调节 pH 至 7.2±0.1，分装 20 mm×150 mm 试管，每管 15 mL，加入液

体石蜡覆盖培养基0.3～0.4 cm，121℃高压蒸汽灭菌10 min。冰箱冷藏，两周内使用。临用接种样品时，每管加入胰酶液[称取胰酶(1∶250)1.5 g，加入100 mL蒸馏水中溶解，膜过滤除菌，4℃保存备用]1 mL。

3. 卵黄琼脂培养基

将酵母浸膏5.0 g，胰胨5.0 g、胨20.0 g、氯化钠5.0 g、琼脂20.0 g溶于1 000 mL蒸馏水中，调节pH至7.0±0.2，分装锥形瓶，121℃高压蒸汽灭菌15 min，冷却至50℃左右，按每100 mL基础培养基加入15 mL卵黄乳液(用硬刷清洗鸡蛋2～3个，沥干，杀菌消毒表面，无菌打开，取出内容物，弃去蛋白，用无菌注射器吸取蛋黄，放入无菌容器中，加等量无菌生理盐水，充分混合调匀，4℃保存备用)，充分混匀，倾注平板，35℃培养24 h进行无菌检查后，冷藏备用。

4. 明胶磷酸盐缓冲液

将明胶2.0 g、磷酸氢二钠(Na_2HPO_4)4.0 g溶于1 000 mL蒸馏水中，调节pH至6.2，121℃高压蒸汽灭菌15 min。

5. 胰蛋白酶溶液

将胰蛋白酶(1∶250)10.0 g溶于100 mL蒸馏水中，膜过滤除菌，4℃保存备用。

6. 磷酸盐缓冲液(PBS)

准确称取氯化钠7.650 g、磷酸氢二钠0.724 g、磷酸二氢钾0.210 g，溶于1 000 mL超纯水中，测试pH 7.4。

(二)操作步骤

1. 样品制备

(1)样品保存。待检样品应放置2～5℃冰箱冷藏。

(2)固态与半固态动物产品。固体或游离液体很少的半固态动物产品，以无菌操作称取样品25 g，放入无菌均质袋或无菌乳钵，块状产品以无菌操作切碎，含水量较高的固态产品加入25 mL明胶磷酸盐缓冲液，乳粉、牛肉干等含水量低的产品加入50 mL明胶磷酸盐缓冲液，浸泡30 min，用无菌研钵研磨制备样品匀液，收集备用。

(3)液态产品。液态食品摇匀，以无菌操作量取25 mL检验。

(4)剩余样品处理。取样后的剩余样品放2～5℃冰箱冷藏，直至检验结果报告发出后，按感染性废弃物要求进行无害化处理，检出阳性的样品应采用压力蒸汽灭菌方式进行无害化处理。

2. 肉毒毒素检测

(1)毒素液制备。取样品匀液约40 mL或均匀液体样品25 mL放入离心管，3 000 r/min离心10～20 min，收集上清液分为两份放入无菌试管中，一份直接用于毒素检测，一份用于胰酶处理后进行毒素检测。液体样品保留底部沉淀及液体约12 mL，重悬，制备沉淀悬浮液备用。

胰酶处理：用1 mol/L氢氧化钠或1 mol/L盐酸调节上清液pH至6.2，按9份上清液加1份10%胰酶(活力1∶250)水溶液，混匀，37℃孵育60 min，其间间或轻轻摇动反应液。

(2)检出试验。用5号针头注射器分别取离心上清液和胰酶处理上清液，腹腔注射小鼠3只，每只0.5 mL，观察和记录小鼠48 h内的中毒表现。典型肉毒毒素中毒症状多在24 h内出现，通常在6 h内发病和死亡，其主要表现为竖毛、四肢瘫软，呼吸困难，呈现风箱式呼吸、腰腹部凹陷、宛如蜂腰，多因呼吸衰竭而死亡，可初步判定为肉毒毒素所致。若小鼠在 24 h 后发病或死亡，应仔细观察小鼠症状，必要时浓缩上清液重复试验，以排除肉毒毒素中毒。若小鼠出现猝死(30 min 内)导致症状不明显时，应将毒素上清液进行适当稀释，重复试验。

(3)确证试验。上清液或(和)胰酶处理上清液的毒素试验阳性者，取相应试验液 3 份，每份 0.5 mL，其中第一份加等量多型混合肉毒毒素诊断血清，混匀，37℃孵育 30 min；第二份加等量明胶磷酸盐缓冲液，混匀后煮沸 10 min；第三份加等量明胶磷酸盐缓冲液，混匀。将三份混合液分别腹腔注射小鼠各两只，每只 0.5 mL，观察 96 h 内小鼠的中毒和死亡情况。

结果判定：若注射第一份和第二份混合液的小鼠未死亡，而第三份混合液小鼠发病死亡，并出现肉毒毒素中毒的特有症状，则判定检测样品中检出肉毒毒素。

3. 肉毒梭菌检验

(1)增菌培养与检出试验。

①取出庖肉培养基 4 支和 TPGY 肉汤管 2 支，隔水煮沸 10～15 min，排除溶解氧，迅速冷却，切勿摇动，在 TPGY 肉汤管中缓慢加入胰酶液至液体石蜡液面下肉汤中，每支 1 mL，制备成 TPGYT。

②吸取样品匀液或毒素制备过程中的离心沉淀悬浮液 2 mL 接种至庖肉培养基中，每份样品接种 4 支，2 支直接放置(35±1)℃厌氧培养至 5 d，另 2 支放 80℃保温 10 min，再放置(35±1)℃厌氧培养至 5 d；同样方法接种 2 支 TPGYT 肉汤管，(28±1)℃厌氧培养至 5 d。

注：接种时，用无菌吸管轻轻吸取样品匀液或离心沉淀悬浮液，将吸管口小心插入肉汤管底部，缓缓放出样液至肉汤中，切勿搅动或吹气。

③检查记录增菌培养物的浊度、产气、肉渣颗粒消化情况，并注意气味。肉毒梭菌培养物为产气、肉汤浑浊(庖肉培养基中 A 型和 B 型肉毒梭菌肉汤变黑)、消化或不消化肉粒、有异臭味。

④取增菌培养物进行革兰染色镜检，观察菌体形态，注意是否有芽孢、芽孢的相对比例、芽孢在细胞内的位置。

⑤若增菌培养物 5 d 无菌生长，应延长培养至 10 d，观察生长情况。

⑥取增菌培养物阳性管的上清液，按 2 进行毒素检出和确证试验，必要时进行定型试验，阳性结果可证明样品中有肉毒梭菌存在。

注：TPGYT 增菌液的毒素试验无需添加胰酶处理。

(2)分离与纯化培养。

①增菌液前处理。吸取 1 mL 增菌液至无菌螺旋帽试管中，加入等体积过滤除菌的无水乙醇，混匀，在室温下放置 1 h。

②取增菌培养物和经乙醇处理的增菌液分别划线接种至卵黄琼脂平板，(35±1)℃厌氧培养 48 h。

③观察平板培养物菌落形态。肉毒梭菌菌落隆起或扁平、光滑或粗糙，易成蔓延生长，边缘不规则，在菌落周围形成乳色沉淀晕圈(E 型较宽，A 型和 B 型较窄)，在斜视光下观察，菌落表面呈现珍珠样虹彩，这种光泽区可随蔓延生长扩散到不规则边缘区外的晕圈。

④菌株纯化培养。在分离培养平板上选择 5 个肉毒梭菌可疑菌落，分别接种卵黄琼脂平板，(35±1)℃，厌氧培养 48 h，观察菌落形态及其纯度。

(3)鉴定试验。挑取可疑菌落进行涂片、革兰染色和镜检,肉毒梭菌菌体形态为革兰阳性粗大杆菌,芽孢卵圆形、大于菌体、位于次端,菌体呈网球拍状。

四、结果报告

1. 肉毒毒素检测结果报告

报告 25 g(mL)样品中检出或未检出肉毒毒素。

2. 肉毒梭菌检验结果报告

报告样品中检出或未检出肉毒梭菌。

技能训练八　动物产品空肠弯曲菌的检验

一、实训目标

通过讲授与现场操作,掌握空肠弯曲菌的测定方法。

二、设备材料

恒温培养箱、冰箱、恒温振荡培养箱、天平、均质器与配套均质袋、振荡器、无菌吸管、无菌锥形瓶、无菌培养皿、pH 计或 pH 比色管或精密 pH 试纸、水浴装置、微需氧培养装置:提供微需氧条件(5% 氧气、10% 二氧化碳和 85% 氮气)、过滤装置及滤膜、显微镜、离心机(离心速度≥20 000 g)、比浊仪、微生物生化鉴定系统、Bolton 肉汤、改良 CCD 琼脂、哥伦比亚血琼脂、布氏肉汤、氧化酶试剂、马尿酸钠水解试剂、Skirrow 血琼脂、吲哚乙酸酯纸片、0.1%蛋白胨水、1 mol/L 硫代硫酸钠溶液、3%过氧化氢(H_2O_2)溶液、空肠弯曲菌显色培养基、生化鉴定试剂盒或生化鉴定卡。

三、实验方法

(一)试剂准备

1. Bolton 肉汤(Bolton broth)

(1)先配制基础培养基。将动物组织酶解物 10.0 g、乳白蛋白水解物 5.0 g、酵母浸膏 5.0 g、氯化钠 5.0 g、丙酮酸钠 0.5 g、偏亚硫酸氢钠 0.5 g、碳酸钠 0.6 g、α-酮戊二酸 1.0 g 溶于 1 000 mL 蒸馏水中,121℃灭菌 15 min,备用。

(2)无菌裂解脱纤维绵羊或马血。对无菌脱纤维绵羊或马血通过反复冻融进行裂解或使用皂角苷进行裂解。

(3)抗生素溶液。称量头孢哌酮 0.02 g、万古霉素 0.02 g、三甲氧苄胺嘧啶乳酸盐 0.02 g、两性霉素 B 0.01 g、多黏菌素 B 0.01 g 溶解于 5.0 mL 乙醇/灭菌水(50/50,体积分数)混合溶液中。

(4)完全培养基。当1 000 mL基础培养基的温度为45℃左右时,无菌加入50 mL绵羊或马血和5 mL抗生素溶液,混匀,校正pH 7.4±0.2(25℃),常温下放置不得超过4 h,或在4℃左右避光保存不得超过7 d。

2. 改良CCD琼脂(mCCDA)

(1)基础培养基。称量肉浸液10.0 g、动物组织酶解物10.0 g、氯化钠5.0 g、木炭4.0 g、酪蛋白酶解物3.0 g、去氧胆酸钠1.0 g、硫酸亚铁0.25 g、丙酮酸钠0.25 g、琼脂8.0~18.0 g溶于1 000 mL蒸馏水中,121℃灭菌15 min,备用。

(2)抗生素溶液。称量头孢哌酮0.032 g、两性霉素B 0.01 g、利福平0.01 g溶解于乙醇/灭菌水(50/50,体积分数)5 mL混合溶液中。

(3)完全培养基。当基础培养基1 000 mL的温度约为45℃时,加入5 mL抗生素溶液,混匀。校正pH至7.4±0.2(25℃)。倾注15 mL于无菌平皿中,静置至培养基凝固。使用前需预先干燥平板。制备的平板未干燥时在室温放置不得超过4 h,或在4℃左右冷藏不得超过7 d。

3. 哥伦比亚血琼脂

(1)基础培养基。称量动物组织酶解物23.0 g、淀粉1.0 g、氯化钠5.0 g、琼脂8.0~18.0 g溶于1 000 mL,121℃灭菌15 min,备用。

(2)无菌脱纤维绵羊血。无菌操作条件下,将绵羊血倒入盛有灭菌玻璃珠的容器中,振摇约10 min,静置后除去附有血纤维的玻璃珠即可。

(3)完全培养基。当1 000 mL基础培养基的温度为45℃左右时,无菌加入50 mL绵羊血,混匀。校正pH至7.3±0.2(25℃)倾注15 mL完全培养基于无菌平皿中,静置至培养基凝固。制备的平板未干燥时在室温放置不得超过4 h,或在4℃左右冷藏不得超过7 d。

4. 布氏肉汤

称量酪蛋白酶解物10.0 g、动物组织酶解物10.0 g、葡萄糖1.0 g、酵母浸膏2.0 g、氯化钠5.0 g、亚硫酸氢钠0.1 g溶于1 000 mL蒸馏水中,校正pH至7.0±0.2(25℃),121℃灭菌15 min,备用。

5. 氧化酶试剂

称量四甲基对苯二胺盐酸盐1.0 g溶于100 mL蒸馏水中。

6. 马尿酸钠水解试剂

(1)马尿酸钠溶液。将马尿酸钠10.0 g溶于1 000 mL磷酸盐缓冲溶液中,过滤除菌。无菌分装,每管0.4 mL,储存于−20℃。

(2)3.5%(水合)茚三酮溶液(质量/体积)。将(水合)茚三酮1.75 g溶解于丙酮/丁醇(25.0 mL/25.0 mL)混合液中。该溶液在避光冷藏时不超过7 d。

7. Skirrow血琼脂(Skirrow blood agar)

(1)基础培养基。称量蛋白胨15.0 g、胰蛋白胨2.5 g、酵母浸膏5.0 g、氯化钠5.0 g、琼脂15.0 g溶于1 000 mL蒸馏水中,121℃灭菌15 min,备用。

(2)FBP溶液。称量丙酮酸钠0.25 g、焦亚硫酸钠0.25 g、硫酸亚铁0.25 g溶于100 mL蒸馏水中,经0.22 μm滤膜过滤除菌。FBP根据需要量现用现配,在−70℃储存不超过3个月或−20℃储存不超过1个月。

(3)抗生素溶液。称量头孢哌酮 0.032 g、两性霉素 B 0.01 g、利福平 0.01 g 溶解于 5 mL 乙醇/灭菌水(50/50,体积分数)混合溶液中。

(4)无菌脱纤维绵羊血。无菌操作条件下,将绵羊血倒入盛有灭菌玻璃珠的容器中,振摇约 10 min,静置后除去附有血纤维的玻璃珠即可。

(5)完全培养基。当 1 000 mL 基础培养基的温度约为 45℃时,加入 FBP 5 mL 溶液、抗生素溶液 5 mL 与冻融的无菌脱纤维绵羊血 50 mL,混匀。校正 pH 至 7.4±0.2(25℃)。倾注 15 mL 于无菌平皿中,静置至培养基凝固。预先制备的平板未干燥时在室温放置不得超过 4 h,或在 4℃左右冷藏不得超过 7 d。

8. 吲哚乙酸酯纸片

将吲哚乙酸脂 0.1 g 溶于 1 mL 丙酮中,吸取 25～50 μL 溶液于空白纸片上(直径为 0.6～1.2 cm)室温干燥,用带有硅胶塞的棕色试管/瓶于 4℃保存。

9. 0.1%蛋白胨水

将蛋白胨 1.0 g 溶解于 1 000 mL 蒸馏水中,校正 pH 至 7.0±0.2(25℃),121℃高压灭菌 15 min。

10. 1 moL/L 硫代硫酸钠溶液

称取 160 g 无水硫代硫酸钠,加入 2 g 无水碳酸钠,溶于 1 000 mL 水中,缓缓煮沸 10 min,冷却。

11. 3%过氧化氢溶液

吸取 100 mL30%过氧化氢(H_2O_2)溶液,溶于 900 mL 蒸馏水中,混匀,分装备用。

(二)方法步骤

详见第四章空肠弯曲菌检验(GB 4789.9—2014)

参考文献

[1]周阳生．动物性食品微生物学检验．北京:中国农业出版社,1996.
[2]钱爱东．动物性食品卫生病原体检验．北京:中国农业出版社,2009.
[3]吴润．食品卫生微生物学检验．兰州:甘肃科学技术出版社,1997.
[4]陆承平．兽医微生物学．4版．北京:中国农业出版社,2001.
[5]P. J. Quinn,B. K. Markey,F. C. Leonard,等．陈继明,马洪超,陆承平主译．兽医微生物及所致传染病．2版．北京:中国农业出版社,2015.
[6]陈溥言．兽医传染病学．6版．北京:中国农业出版社,1980.
[7]张彦明,佘锐萍．动物性食品卫生学．北京:中国农业出版社,2002.
[8]孔宪刚．兽医微生物学．2版．北京:中国农业出版社,2013.
[9]柳增善,任洪林,崔树森,季春雨．食品病原微生物学．北京:化学工业出版社,2015.
[10]谢天恩,胡志红．普通病毒学．北京:科学出版社,2010.
[11]KeithA. Lampel,Sufian AI-Khaldi,Susan Mary Cahill 著．周祖木主译．食源性病原微生物和天然毒素相关疾病防控手册．北京:人民卫生出版社,2016.
[12]李志明．食品卫生微生物检验学．北京:化学工业出版社,2009.
[13]GB 4789.2—2016. 食品安全国家标准食品微生物学检验菌落总数测定．
[14]GB 4789.3—2016. 食品安全国家标准食品微生物学检验大肠菌群计数．
[15]GB 4789.4—2016. 食品安全国家标准食品微生物学检验沙门氏菌检验．
[16]GB 4789.31—2013. 食品安全国家标准食品微生物学检验沙门氏菌、志贺氏菌和致泻大肠埃希氏菌的肠杆菌科噬菌体诊断检验．
[17]GB 4789.6—2016. 食品安全国家标准食品微生物学检验致泻大肠埃希氏菌检验．
[18]GB 4789.36—2016. 食品安全国家标准食品微生物学检验大肠埃希氏菌 O157：H7/NM 检验．
[19]GB 4789.10—2016. 食品安全国家标准食品微生物学检验金黄色葡萄球菌检验．
[20]SN/T 4546—2017. 商品化试剂盒检测方法金黄色葡萄球菌方法一．
[21]GB 4789.5—2012. 食品安全国家标准食品微生物学检验志贺氏菌检验．
[22]SN/T 2565—2010. 食品中志贺氏菌分群检测 MPCR-DHPLC 法．
[23]SN/T 2754.3—2011. 出口食品中致病菌环介导恒温扩增(LAMP)检测方法第三部分:志贺氏菌．
[24]GB 4789.11—2014. 食品安全国家标准食品微生物学检验 β 型溶血性链球菌检验．
[25]SN/T 2754.9—2011. 出口食品中致病菌环介导恒温扩增(LAMP)检测方法第九部分:溶血性链球菌．

[26]GB/T 19915.7—2005. 猪链球菌2型荧光PCR检测方法.
[27]GB 4789.7—2013. 食品安全国家标准食品微生物学检验副溶血性弧菌检验.
[28]GB 4789.9—2014. 国家食品安全标准食品微生物学检验空肠弯曲菌检验.
[29]GB 4789.9—2014. 国家食品安全标准食品微生物学检验空肠弯曲菌检验操作步骤.
[30]SN/T 3728—2013. 出口食品中空肠弯曲菌快速检测方法量子点免疫荧光法.
[31]GB 4789.12—2016. 食品安全国家标准食品微生物学检验肉毒梭菌及肉毒毒素检验.
[32]GB 4789.13—2012. 食品安全国家标准食品微生物学检验产气荚膜梭菌检验.
[33]GB 4789.14—2014. 食品安全国家标准食品微生物学检验蜡样芽孢杆菌检验.
[34]SN/T 0331—2013. 出口畜产品中炭疽杆菌检验方法.